高等院校产品设计专业系列教材

产品设计模型制作与工艺

（第四版）

兰玉琪　殷增豪　周添翼　编著

Production and Technology of Product
Design Model（Fourth Edition）

清华大学出版社
北京

内容简介

模型制作是产品设计开发过程中体现设计概念的重要方法和手段，为产品概念的实现提供了可进行综合分析、研究与评价的实物参考依据，保障产品从研发顺利过渡到正式生产阶段。本书共分为 11 章，内容包括产品模型概述，产品模型制作材料的选择与应用，产品模型制作常用的工具、设备及安全防护，使用聚氨酯、纸质、石膏、油泥、塑料、木质等材料进行设计表达的方法与步骤，以及快速成型技术与产品模型制作，产品模型表面涂饰等，并结合大量制作案例进行直观表达，让读者能够轻松掌握相关的知识。

本书可作为高等院校产品设计、工业设计专业的教材，也可作为产品设计师、工业设计师及设计爱好者的参考手册。

图书在版编目 (CIP) 数据

产品设计模型制作与工艺 / 兰玉琪，殷增豪，周添翼编著.—4 版.—北京：清华大学出版社，2024.4
（2025.1重印）

高等院校产品设计专业系列教材

ISBN 978-7-302-65838-2

Ⅰ.①产… Ⅱ.①兰… ②殷… ③周… Ⅲ.①产品设计—模型—高等学校—教材 Ⅳ.① TB472

中国国家版本馆 CIP 数据核字 (2024) 第 060092 号

责任编辑：李 磊
装帧设计：陈 侃
版式设计：孔祥峰
责任校对：成凤进
责任印制：沈 露

出版发行：清华大学出版社
　　　网　　　址：https://www.tup.com.cn，https://www.wqxuetang.com
　　　地　　　址：北京清华大学学研大厦A座　　　邮　　编：100084
　　　社　总　机：010-83470000　　　邮　　购：010-62786544
　　　投稿与读者服务：010-62776969，c-service@tup.tsinghua.edu.cn
　　　质　量　反　馈：010-62772015，zhiliang@tup.tsinghua.edu.cn
印 装 者：三河市铭诚印务有限公司
经　　销：全国新华书店
开　　本：185mm×260mm　　　印　张：10.75　　　字　　数：261千字
版　　次：2007年11月第1版　　2024年4月第4版　　　印　次：2025年1月第2次印刷
定　　价：69.80元

产品编号：102059-01

编 委 会

序

设计，时时事事处处都伴随着我们。我们身边的每一件物品都被有意或无意地设计过或设计着，离开设计的生活是不可想象的。

2012年，中华人民共和国教育部修订的本科教学目录中新增了"艺术学-设计学类-产品设计"专业。该专业虽然设立时间较晚，但发展迅猛。

从2012年的"普通高等学校本科专业目录新旧专业对照表"中，我们不难发现产品设计专业与传统的工业设计专业有着非常密切的关系，新目录中的"产品设计"对应旧目录中的"艺术设计(部分)""工业设计(部分)"，从中也可以看出艺术学下开设的"产品设计专业"与工学下开设的"工业设计专业"之间的渊源。

因此，我们在学习产品设计前就不得不重点回溯工业设计。工业设计起源于欧洲，有超过百年的发展历史，随着人类社会的不断发展，工业设计发生了翻天覆地的变化：设计对象从实体的物慢慢过渡到虚拟的物和事，设计方法越来越丰富，设计的边界越来越模糊和虚化。可见，从语源学的视角且在不同的语境下厘清设计、工业设计、产品设计等相关概念，并结合对围绕着我们的"被设计"的事、物和现象的观察，无疑可以帮助我们更深刻地理解工业设计的内涵。工业设计的综合性、交叉性和边缘性决定了其外延是广泛的，从艺术、文化、经济和技术等不同的视角对工业设计进行解读或许可以更全面地还原工业设计的本质，有利于人们进一步理解它。从时代性和地域性的视角对工业设计的历史进行解读并不仅仅是为了再现其发展的历程，更是为了探索工业设计发展的动力，并以此推动工业设计的进一步发展。人类基于经济、文化、技术、社会等宏观环境的创新，对产品的物理环境与空间环境的探索，对功能、结构、材料、形态、色彩、材质等产品固有属性及产品物质属性的思考，以及对人类自身的关注，都是工业设计不断发展的重要基础与动力。

工业设计百年的发展历程为人类社会的进步做出了哪些贡献？工业发达国家的发展历程表明，工业设计带来的创新，不但为社会积累了极大的财富，也为人类创造了更加美好的生活，更为经济的可持续发展提供了源源不断的动力。在这一发展进程中，工业设计教育也发挥着至关重要的作用。

随着我国经济结构的调整与转型，从"中国制造"走向"中国智造"已是大势所趋，这种巨变将需要大量具有创新设计和实践应用能力的工业设计人才。党的二十大报告为我国坚定推进教育高质量发展指出了明确的方向。艺术设计专业的教育工作应该深入贯彻落实党的二十大精神，不断创新、开拓进取，积极探索新时代基于数字化环境的教学和实践模式，实现艺术设计的可持续发展，培养具备全球视野、能够独立思考和具有实践探索能力的高素质人才。

未来，工业设计及教育，以及产品设计及教育在我国的经济、文化建设中将发挥越来越重要的作用。因此，如何构建具有创新驱动能力的产品设计人才培养体系，成为我国高校产品设计教育相关专业面临的重大挑战。党的二十大精神及相关要求，对于本系列教材的编写工作有着重要的指导意义，也将进一步激励我们为促进世界文化多样性的发展做出积极的贡献。

由于产品设计与工业设计之间的渊源，且产品设计专业开设的时间相对较晚，因此针对产品设计专业编写的系列教材，在工业设计与艺术设计专业知识体系的基础上，应当展现产品设计的新理念、新潮流、新趋势。

本系列教材的出版适逢我院产品设计专业荣获"国家级一流专业建设单位"称号，我们从全新的视角诠释产品设计的本质与内涵，同时结合院校自身的资源优势，充分发挥院校专业人才培养的特色，并在此基础上建立符合时代发展要求的人才培养体系。我们也充分认识到，随着我国经济的转型及文化的发展，对产品设计人才的需求将不断增加，而产品设计人才的培养在服务国家经济、文化建设方面必将起到非常重要的作用。

结合国家级一流专业建设目标，通过教材建设促进学科、专业体系健全发展，是高等院校专业建设的重点工作内容之一，本系列教材的出版目的也在于此。本系列教材有两大特色：第一，强化人文、科学素养，注重中国传统文化的传承，吸收世界多元文化，注重启发学生的创意思维能力，以培养具有国际化视野的创新与应用型设计人才为目标；第二，坚持"科学与艺术相融合、创新与应用相结合"，以学、研、产、用一体化的教学改革为依托，积极探索国家级一流专业的教学体系、教学模式与教学方法。教材中的内容强调产品设计的创新性与应用性，增强学生的创新实践能力与服务社会能力，进一步凸显了艺术院校背景下的专业办学特色。

相信此系列教材的出版对产品设计专业的在校学生、教师，以及产品设计工作者等均有学习与借鉴作用。

天津美术学院国家级一流专业(产品设计)建设单位负责人、教授

前言

　　党的二十大报告为我国坚定推进教育高质量发展指出了明确的方向。在此背景下，本教材编写组以"加快推进教育现代化，建设教育强国，办好人民满意的教育"为目标，以"强化现代化建设人才支撑"为动力，以"为实现中华民族伟大复兴贡献教育力量"为指引，进行了满足新时代新需求的创新性教材编写尝试。

　　工业设计是制造业的先导行业，在工业产品的开发过程中发挥着重要的作用。工业设计师通过将科技与艺术完美结合，不断设计、创新产品并引导未来生活方式，从而提高人们的生活质量，改善人们的生活品质；通过对多学科知识体系的综合运用，创造性地构思了既具备科技因素，又富含艺术气息和文化内涵的新的产品设计概念。

　　然而，优秀的设计创意、设计概念的提出，并不是工业产品设计所追求的最终目标，产品设计最终要以符合人们需要的、合理的产品形式表现出来。而在这个过程中，产品模型发挥了巨大的作用。

　　在产品开发阶段，通常情况下使用产品模型描述设计概念、展现设计内容。产品模型是根据产品设计的构思或图样，对产品的形态、结构、功能及其他产品特征进行设计表达，形成的实体或虚拟的模型。这是将抽象的概念转化为具象的可视化物象的过程，是从含糊、笼统转化为清晰、了然的过程。

　　在产品设计过程中，设计师通过产品模型的制作不但能将设计概念具象化，以此表达设计思想、展现设计内容、传达设计理念，更主要的是通过产品模型制作过程，可以帮助设计师分析和解决如产品形态、人机尺度、功能实验、结构分析、材料运用、加工工艺等诸多设计要素之间的关系问题。模型表现与制作过程实际是设计的再深入过程，设计师在对形态、色彩、结构、材质等设计内容进行具象化的整合过程中，不断地表达其对设计创意的体验，为交流、讨论、评估及进一步调整、修改和完善设计方案，检验设计方案的合理性提供了有效的参考。通过产品模型能够不断修改与完善设计内容，提前预测、反馈和获取重要的设计指标，尽量避免设计中非合理性因素的出现。产品模型制作为产品概念的实现提供了可进行综合分析、研究与评价的实物参考依据，也是保障产品正式生产的重要前提。

　　产品模型始终跟随产品设计的全过程，每一阶段的设计所使用的模型有各自的作用与价值。目前，在产品设计研发阶段，经常使用手工模型、数字化模型等方法进行设计表达。手工制作的模型具备直观效果，能够直接进行设计体验，通过触觉体验增强对于材料和空间的感知，在制作过程中更容易产生设计想法，具有即时调整与快速表达设计构思的优势，是表达设计构思、推进设计方案与展示设计内容不可或缺的重要方法。随着计算机技术的不断发展，产品设计中利用AutoCAD、UG、Rhino、Pro-E、SolidWorks等软件虚拟构建产品模型，实现虚拟表现、虚拟测试、虚拟实验过程，已经成为产品开发的新方式，可以自动、直接、快速、精准地将设计思想转变为可视化模型，从而对产品进行快速评估、修改及功能实验，大大缩短了产品的研制周期，在设计中发挥着重要的作用。每种模型都有不同的特点与价值，在各个设计阶段发挥着不同的作用，作为一名工业设计师，应熟练掌握和应用产品模型制作的方法，根据不同的设计需要采取不同的模型和制作方式来体现设计构想。

产品设计模型作为一种便捷且合理的设计与表现方法，在设计行业得到广泛运用。如何在设计阶段通过产品模型综合展现未来产品的设计内容，是设计师设计能力的重要体现，设计师只有充分认识到产品模型制作的重要性，才能在设计实践中借助模型完善产品设计。

本书提供了配套的教案、教学大纲、PPT课件，扫描右侧二维码，推送到邮箱，即可下载获取。

教学资源

本书由兰玉琪、殷增豪、周添翼编著。张喜奎、潘弢、罗显冠、潘润鸿等也参与了本书的编写工作，在此表示衷心感谢！

由于作者水平所限，书中难免有疏漏和不足之处，恳请广大读者批评、指正。

编　者
2024.1

目录　CONTENTS

第一部分

产品模型制作基础

第 1 章

产品模型概述

主要内容：产品模型的概念、种类和用途，以及产品模型制作的原则与意义。

教学目标：明确产品模型制作是表达设计内容、验证设计要素的重要方式。

学习要点：了解产品模型的种类和用途。

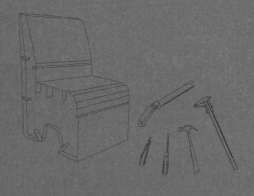

Product Design

1.1 产品模型的相关概念

产品模型是根据产品设计的不同阶段,按构思内容或设计图样,对产品的形态、结构、功能及其他产品特征进行设计表达,从而形成的实体或虚拟模型。

使用聚氨酯硬质发泡材料,经表面涂饰制作的汽车模型,如图1.1所示。

图1.1

1.1.1 产品模型与产品原型

在产品设计行业,产品模型也称为产品原型,它是一种用于描述产品、服务或系统各阶段三维呈现的术语。

每个行业对于新产品的开发都有一个从概念向现实转化的过程,能够承载概念的任何事物都可以称为产品原型。例如,UI设计师的界面使用流程策划、工程师设想的结构连接状况等,都可以称为产品原型。由于产品原型在产品设计中所包含的范围和内容更广,因此这个术语在产品设计实践中应用得越来越广泛。

产品模型始终跟随产品设计的全过程,用来描述产品外观及各种功能的设计内容,通过模型验证设计的合理性并寻求最优的解决方案。设计的每一阶段,所使用的产品模型都有各自的作用与价值。

1.1.2 手工模型与数字模型

目前,在产品设计中经常使用如下两种类型的模型进行设计表达,每种模型都有各自的价值,并在不同的设计阶段发挥作用。

1. 手工模型

通过手工的方式并借助工具、设备对材料进行加工制作而成的模型，习惯上称为手工模型。制作手工模型的常用材料有油泥、石膏、木材、金属等。

在产品设计研发阶段，手工模型具备直观效果，设计人员能够直接快速地完成设计体验，制作过程中更容易开发出早期的新设计想法。手工模型具有即时调整与快速表达设计构思的优势，是展示设计概念不可或缺的重要载体。

2. 数字模型

使用计算机技术、通过CAD软件建立的产品虚拟模型称为数字模型，如通过CAD、UG、Pro-E等软件建立的模型。

通过数字模型可以模拟产品的功能、结构、装配关系等设计内容。如图1.2所示，使用UG工程软件建立的空气净化器产品的数字模型，以虚拟形式表达了产品各零部件的结构及相互之间的装配关系。

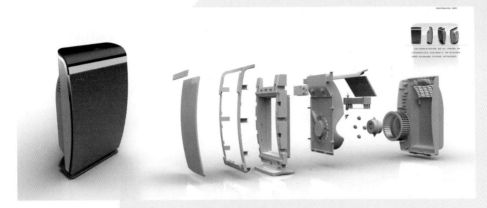

图1.2

随着计算机技术的不断发展，产品设计中利用CAD软件虚拟构建产品模型，实现虚拟表现、虚拟测试、虚拟实验的过程，已经成为产品开发的新方式，在设计中发挥着重要的作用。例如，利用数字模型绘制产品级的外观展示效果、借助虚拟建模的精确性模拟组合零件之间的干扰、借助工程软件的有限元分析功能虚拟测试产品受力情况下的变形等。

每种类型的模型都有各自的价值，在不同的设计阶段发挥不同的作用。作为产品设计师，应该熟练掌握实体模型和虚拟模型的制作方法，并且可以灵活运用在产品设计中，根据产品特点自如转换模型，发挥各自的优势，驾驭不同的表现手段和方法来服务于设计。

1.1.3　产品模型的迭代

迭代的基本含义为"在一个过程中不断重复、持续推进"，即重复执行程序中的循环，直到满足某条件为止。在产品设计中，每个新版本的模型通常被称为旧版本的迭代，即在上一个产品模型基础上的更新。

产品模型的改进一直伴随整个设计流程，随着设计的不断深入，模型会随着设计内容的更新不断发生变化，逐渐被更完善的迭代模型所取代。

如图1.3所示，电源插头模型的迭代，表达了更为完善的设计内容。

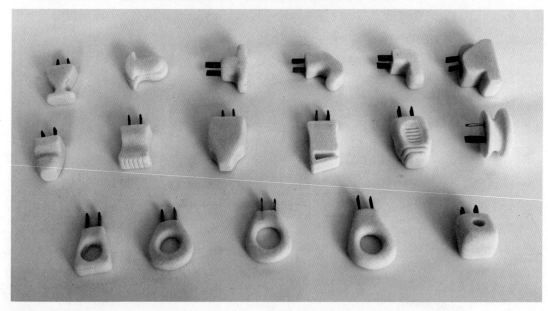

图1.3

1.2　产品模型的作用与意义

产品设计的最终目的是要转化为被人们使用的产品。因此，制作产品模型的作用与意义，在于能够使产品设计概念转化为形象化的实体，通过产品模型实现向真实产品的过渡与转化。

1.2.1　产品模型的构建是创造性的设计实践过程

一个产品概念要转变成一件真正的产品需要进行大量的前期工作，不只是停留在纸面设计，或是在计算机上绘制效果图那样简单。从设计到生产要经历复杂的过程，其间会面临很多问题。例如，如何在设计研发过程中尽量避免出现设计缺陷、如何防止在投产阶段出现生产方面的问题、如何最大限度地降低研发成本等。通常情况下，设计师在设计阶段就会及时将产品概念形象化，使概念转化为"产品"，并以该"产品"为介质，用于综合表现设计内容，这个介质就是产品模型。设计研发过程中，通过产品模型的构建可实现从产品概念到产品现实的转化。

产品模型在现代工业产品设计过程中发挥着重要的作用，与二维平面表现方式截然不同，由于产品模型是以一个三维实体的形式出现，所以能够直观、全方位地展示设计内容。在设计阶段，通过产品模型的构建过程，设计师具备了立体表达设计内容的能力，通过产品模型表达产品设计方案，使设计内容具备了真实的体验感。

模型制作与表现的过程实际上是设计的再深入过程。以产品模型为介质进行设计实践活动，不仅可以提供表达、分析、评价和验证设计的实物依据，而且更为重要的是通过产品模型的构建过程能够激发设计师的设计联想，结合新学科知识、新技术、新材料，创造性地进行产品设计研发。用产品模型综合表达设计内容，是设计师设计创新能力的重要体现。

如图1.4所示，座椅的设计经过前期草图设计方案的分析和功能试验，从众多方案中选择有效方案进行设计表现，设计师通过模型制作过程逐渐掌握立体表现方法，同时对材料特性、加工工艺、生产流程等方面也有了更多的认识和理解。

图1.4

1.2.2 产品模型的构建是协调新产品研发问题的有效方法

产品开发过程中存在许多未知或未解的问题，越复杂的产品设计涉及的规则和原理也就越多，多种问题的交织使得设计变得错综复杂。

长期的设计实践证明，产品模型的构建是产品从研发到正式生产整个流程的关键环节与重要保障，产品模型的构建过程是协调和解决新产品研发中出现的系列问题的过程，是一种合理、有效的设计方法。

借助产品模型设计团队可进行面对面的交流与探讨，通过交流不断拓展设计思路。由于产品模型能给人以直观的设计感受，因此作为一种综合表现设计内容的载体，产品模型可用于表达和模拟产品的外观、功能、结构，协调和解决各设计要素之间的关系，如形态设计、功能实验、结构应用、人机测试、材料运用、制造工艺等。

在设计过程中，使用模型对设计内容进行反复推敲，能及时找出设计中存在的缺陷与问题，进而循序渐进地提出协调和解决问题的方案与设想。

下面以图1.5所示的桌面空调设计方案为例，简述产品模型制作在设计研发阶段所发挥的作用与意义。

图1.5

作为一名工业设计师，想要解决人们现实生活中遇到的问题，为人们创造更加美好的生活方式，就要具备敏锐的观察问题和发现问题的能力，并针对这些问题和潜在需求不断提出设计概念。如图1.6所示，以故事板的表达方式提出概念设想。

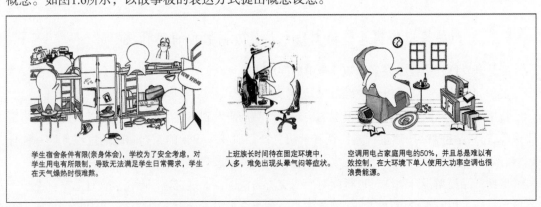

图1.6

概念提出后，在设计初期应进行广泛调研，并以此为基础进行深入分析与研究。设计的每个阶段要经过头脑风暴不断地就问题、需求进行交流与研讨，以寻求设计灵感，如图1.7所示。

图1.7

通过对问题的分析、归纳与总结,逐渐展开深入研究,提出对未来产品的设计设想,如图1.8所示。

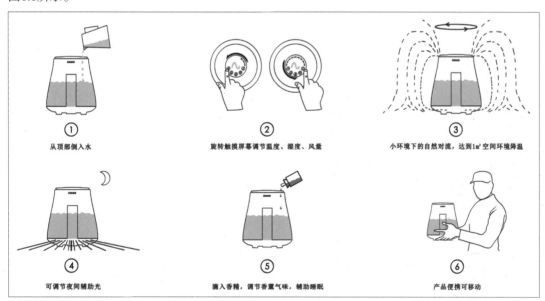

图1.8

通过模型表达产品形态设计,应围绕产品功能、操作方式、结构连接、生产工艺、材料应用等方面进行,如图1.9所示。

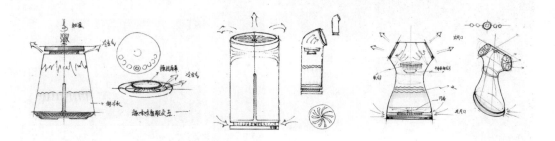

图1.9

不同设计阶段要使用不同种类的模型表达设计内容，通过模型对形态、结构、功能、使用环境等构思内容进行模拟表现与实验，以验证设计的可行性。在设计的全过程中，产品模型要经历多次迭代，如图1.10所示。

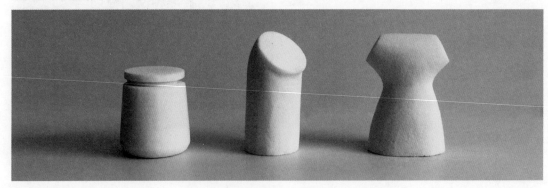

图1.10

完成模型的外部形态设计后，接下来对模型内部所需的元器件及功能构件进行设计，如图1.11所示。

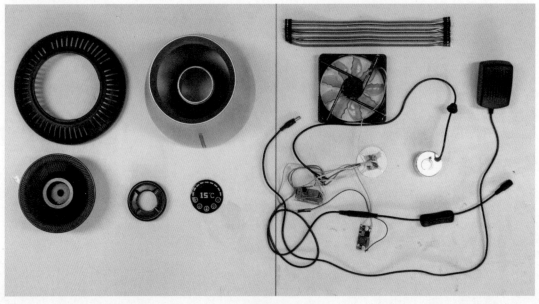

图1.11

通过CAD计算机辅助设计建立数字模型，通过数字模型对产品的工作原理、内部连接结构、标准元器件的布局、电机安放位置及装配方式等进行设计表达与分析研究，如图1.12所示。

在综合分析的基础上确定设计方案，使用3D打印技术将产品打印成形，将元器件装配后进行实验与测试，如图1.13所示。

图1.12　　　　　　　　　　　　　　　　　　　图1.13

产品功能设计完成，进行配色方案设计，如图1.14所示。

图1.14

1.2.3　产品模型是设计的实物依据

为避免因设计失误而造成损失，在产品正式投产前，设计师之间可借助产品模型进行设计交流，也可以实现设计师、客户、用户之间的互动，满足三方的不同需求。因此，产品模型是交流、评价、展示、验证设计的实物依据。

通过产品模型，可以对产品的造型形态、表面色彩、材质肌理等外部特征进行展示；可以完成对人机关系的综合研究与分析；可以制订产品生产工艺路线、进行生产成本核算等。以产品模型作为依据，既能综合体现设计内容以确保未来产品能够正常发挥预期作用，也能在产品正式投产前为各种设计指标的测试与评估提供实物验证依据，最终确定是否可以进行批量生产。因此，产品模型在设计中发挥着重要的作用。

如图1.15所示，这是一款儿童衣物处理机的设计方案，经过多次调整与改进，最终确定产品具有自动定时、温度调节、紫外线杀菌等功能。

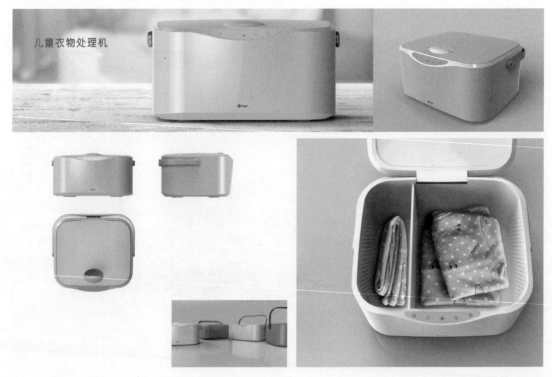

儿童衣物处理机

图1.15

通过模型制作，可对产品各项设计指标进行综合验证。模型可用于产品设计的交流、评价与展示，给客户、用户以更加直观的设计感受。

1.3 产品模型的类型与用途

根据产品模型在各个设计阶段所发挥的实际作用，可将其分为概念构思模型、功能实验模型、交流展示模型和手板样机模型。这种分类方法对解决设计过程中出现的设计创意与技术实现两大主题之间的矛盾尤为有效，因为产品创意的实现需要技术的支撑，而技术的滞后和参数问题可能会限制设计的创新。所以，将模型进行阶段性区分，让每一类模型在不同设计阶段发挥不同的作用，可以保证设计的合理性。

1.3.1 概念构思模型

概念构思模型，是将产品初期的概念和想法，以三维形态快速、概括表达的基础表现模型，作为概念的延伸与拓展。

在概念转化的初期阶段，设计师经常在二维平面上用设计草图进行概念表达，以这种方式来探讨概念延伸和拓展的可能性，体现出快速、简便的优势。与设计草图表达概念相比，概念构思模型既具备立体化、可视性表达等特点，又拥有设计体验性与可触摸性的优势。

在设计初期，可以构建大量概念构思模型进行分析比较，为设计师提供分析、对比和探讨的依据，将初始概念进行拓展与延伸。在此过程中，往往能够激发设计师的联想，甚至引发初始概念的新突破，实现创新。

概念构思模型主要用于体现产品的形态、结构、功能等基本构思内容，不必拘泥于模型的完整度与精细度。

如图1.16所示，园林修剪刀的模型构建，使用了废旧的塑料玩具球和硬纸板，用于快速表达设计构思。

电动助力车电池盒模型设计，如图1.17所示，使用了黏土、聚氨酯硬质发泡材料制作模型，目的是快速表达产品形态、连接方式等设计构思内容。

图1.16

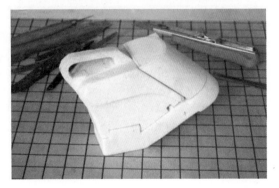

图1.17

1.3.2　功能实验模型

为确保产品功能设计的合理性，应借助模型对产品的功能进行模拟实验与测试分析。功能实验模型就是验证产品功能设计合理性的模型，具有模拟、体验、实验、测试等作用。

功能实验模型侧重于实验与体验,通过该模型可以完成诸如人机尺度分析与体感体验,结构设计与结构连接方式检验,产品危险性与安全标准测试,材料受力测试(如对材料进行强度实验、震动实验、拉伸与抗弯实验、抗疲劳实验等),以及风阻系数、气动噪声测试等实验内容。通过在早期设计流程中进行此类实验,能够建立以用户为中心的使用需求框架。只有通过实验过程所反馈出的实际数据和感受,才能准确评判功能设计指标是否达到要求。

图1.18所示的这款调色盒的设计理念是解决色料在使用时颜色容易互相混合的问题,设想是既可以单独使用保持色料的纯度,又可以在使用以后连接在一起便于收纳和保存。此功能实验模型的制作是研究单独的颜色盒之间的插接方式与连接关系。

图1.19所示的脚部电脑操作器的设计构思是解决上肢残疾人对电脑使用的需求问题,设想使用下肢进行操作。在设计中对脚部与设备的接触形态的研究、操作方式的研究,要借助功能实验模型进行验证,以获得合理的使用效果。

图1.18   图1.19

1.3.3 交流展示模型

交流展示模型是侧重效果展示的模型,具有交流、展示与产品推广等作用。它用于重点表现产品的外部特征,真实地展现产品未来的外观形态、色彩、肌理效果、结构连接等。

交流展示模型要求制作精细,无论使用何种表现材料、采用何种加工制作方法,只要能够仿真表现出未来产品的外在设计效果,使之具有展示、宣传、交流、评价的作用,便达到了制作的目的。

交流展示模型具有多种用途,比如在确定大批量生产前,向客户展示产品最终外观的模型,有助于签订订购合同。这些模型也可以展示在展销会上,或者拍成专业的产品照片,用于新产品发布等。

如图1.20所示,投影阅读器的设计,通过展示模型模拟一种新的阅读方式,具有概念表达、交流说明、宣传推广等作用。

如图1.21所示,电子导盲手杖的设计所运用的科技内容通过展示模型得到概念传达、宣传与推广,其中包括导航、定位、语音播报等功能。

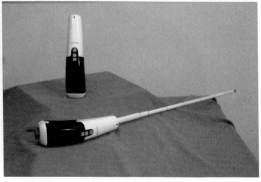

图1.20　　　　　　　　　　　　　　　　　　图1.21

1.3.4　手板样机模型

手板样机模型是指产品批量生产之前的手工产品样机，是产品模型制作的最高级表现形式，也是产品正式投产前最后的迭代模型。手板样机模型无论是对产品的外部还是内部都有严格的表现要求，应完全按照综合改进后的设计指标进行真实、准确地表达与制作，为产品正式批量生产提供综合验证设计的依据。

利用手板样机模型可进行生产前期各项设计指标的综合测试与评定，如标准化审查与审核、产品工艺路线确定、材料消耗工艺定额核定、工艺文件设计等。通过样机模型发现的各种问题要进行总结，用于修改设计和工艺。样机模型既降低了设计成本，又缩短了生产实验周期。

如图1.22所示，电动自行车的设计，制作车架时管材的直径、壁厚都是按照实际设计要求选用的，目的是进行车架的震动实验，以监测车架的强度。

如图1.23所示，紫外线灯具的设计，对外部形态进行准确表现，当将紫外线灯安装以后，用于检测光线照射的角度与面积。

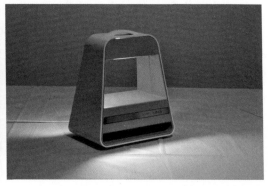

图1.22　　　　　　　　　　　　　　　　　　图1.23

在设计过程中，设计人员应熟练运用不同形式的产品实体模型解决不同设计阶段出现的问题，每类模型都可以单独使用，但它们之间又存在着关联性，掌握不同种类模型的制作方法，能够最大限度地优化设计过程。

1.4 产品模型的制作原则

产品模型的制作与应用要遵循一定的方法和规律，应以快速、经济、实用为基本原则，只有熟练地运用模型材料与模型加工方法，才能准确实施模型制作过程，表达设计内容。

1.4.1 经济性原则

在产品项目设计中，重点工作是研究产品的各项基本设计指标如何通过产品模型真实体现，并借助产品模型验证各种设计指标的可行性。产品模型主要用于设计表达、实验与测试，由于模型并非是一件最终产品，所以在制作方法上可以不受批量生产方式和正式产品所使用材料的限制，产品模型的制作过程完全可以创造性地运用诸多方式、方法，达到迅速成形的目的。

另外，在模型材料的运用方面，应本着既能体现设计意图，也能满足实验要求，又要便于加工的原则，根据设计阶段的要求，合理地运用材料，有效帮助设计师实现预想效果。

如图1.24所示，这款皮具首饰在设计之初，用厚纸片制作大量形状，用于形态和连接方式的研究，最后选择满意的设计，以纸样为模板，在真皮上展开布置。

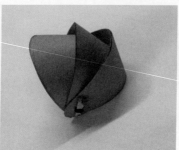

图1.24

1.4.2 便捷性原则

一般情况下，在设计研发阶段，产品模型制作是以手工操作模式为主，借助工具设备完成模型加工过程。手工制作过程具有诸多优势：受加工条件制约小，可以采取灵活有效的方式进行加工制作；成形速度快，能够满足设计中不断变化的要求；在合理使用模型材料的基础上，能有效降低前期设计研发成本；更为重要的是，通过手工制作方式可以更加便捷、快速地开发早期的设计想法，不断拓展新的设计思路。

因此，设计阶段采用手工方式进行模型制作是比较经济、实用的模型制作方式，被设计师广泛采用。

如图1.25所示，在进行遥控器方案设计时，为尽快表达设计构思，可使用易加工的聚氨酯硬质发泡材料，采用手工加工方式快速表达设计内容。

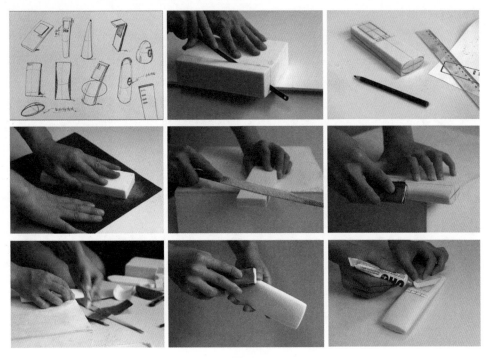

图1.25

1.4.3 目的性原则

在设计过程中，需要不断地进行模型制作，用来表达设计的方方面面，而各方面的内容都需要在正式生产之前进行实验与测试。在设计阶段想通过一个产品模型表现全部内容是不可能的。为合理发挥产品模型的作用，充分体现产品模型在设计中的价值，制作前要明确把握产品模型在各设计阶段所要研究的内容及想要达到的目标，合理使用材料及加工方法，使模型有效地发挥实验、测试、验证的作用。

随着设计的不断深化与完善，在产品批量化生产的前期，可以继续通过产品模型制作方式制作产品各个部件，用于最后的测试，以最大限度降低生产成本投入，为批量生产做好准备。例如，在研究产品零部件之间的连接结构时，只需使用替代材料按设计构思把连接原理体现出来即可。如图1.26所示，这款插接式灯具设计，在研究插片之间的插接时，使用硬卡纸进行插接结构实验，以获取最佳的插接结构和照明效果，当需要继续验证连接部位的强度时，可换用真实材料进行测试。

为真实体现材料应用效果，以及进行安全性测试，在手板样机模型制作过程中，也可直接使用未来产品所需的材料。如图1.27所示，在这款新中式座椅的设计过程中，为了验证材料应用所体现出的形式美感，以及对金属材料的强度进行测试，选择了未来成品

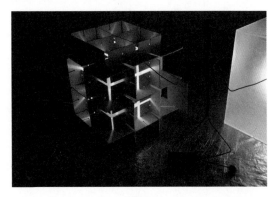

图1.26

所需材料进行模板制作。

　　如果需要对产品进行宣传、推广，那么可以重点对产品的外观设计内容进行精细制作，可以忽略产品的内部表现，甚至可以做成实心的模型。如图1.28所示，煎蛋器模型制作的目的是进行产品的宣传与推广，所以在外观制作方面应尽量显示未来产品的真实面貌。

图1.27　　　　　　　　　　　　　　　　　　　　图1.28

　　遵循产品模型的制作原则，有助于设计师充分发挥创意性思维，减少无谓的设计失误，通过产品模型不断完善设计，为最终生产做好前期准备。

1.5　本章作业

思考题

1. 产品模型相关概念解读。
2. 简述产品模型的作用与意义。
3. 简述产品模型的类型与用途。
4. 理解模型制作的本质。

第 2 章

产品模型制作材料的
选择与应用

主要内容：产品模型制作中常用的材料，以及在不同的设计阶段如何使用相应的材料进行设计表达。

教学目标：掌握产品模型制作材料的特性和应用条件，为后续的模型制作打好基础。

学习要点：掌握常用的产品模型制作材料的特性。

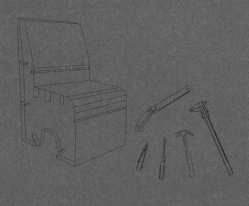

Product Design

在产品领域，一般按物理、化学属性对材料进行分类，可分为金属材料、无机非金属材料、有机高分子材料和不同类型材料所组成的复合材料。在这四大类材料中，可用于产品模型制作的材料种类很多，因此在制作模型前应充分考虑材料对模型表达设计的影响，根据设计的不同阶段选择合适的材料进行制作表现，以满足设计要求。

随着科技的进步，新型材料不断涌现，必将会给人类的未来带来更广泛的影响。了解材料的现状、类别、性质、应用及发展趋势，试验性地探索新材料及新技术在设计中的应用，对于产品创新性设计也是非常重要的。

2.1　产品模型制作常用材料及其特性

很多无机非金属材料、有机高分子材料和复合材料都非常适合制作模型。经常被选择用于模型制作的材料有油泥、石膏粉、纸类、塑料类、橡胶类、木材类、金属类等，这些材料的成形性好，塑造性、表现性很强，在制作过程中对加工条件的限制较小，制作速度快，而且材料成本与制作成本相对较低，所以被广泛用于产品模型的制作。

2.1.1　油泥

油泥是一种人工合成材料，主要成分有灰粉、油脂、树脂、硫黄、颜料等，如图2.1所示。

图2.1

油泥材料的可塑造性极强，黏合性也很强，具有良好的可加工性，能够制作出极其精细的形态；油泥不受水分的影响，不易干裂变形。

油泥遇热变软，软化点在60℃以上，在常温状态下油泥具有一定的硬度与强度，该特性使得加工过程中随时需要一个可以控制温度的热源，特别是在初期的基本形态塑造阶段，需要材料保持一定的软化温度才能进行操作。

油泥材料适用于制作交流展示模型、功能实验模型。

2.1.2　石膏粉

石膏是一种含水硫酸钙矿物质，呈无色、半透明、板状的结晶体，如图2.2所示。未经煅烧处理的石膏称为生石膏，石膏经过煅烧失去部分水分或完全失去水分后形成白色粉状物，称为半水石膏或熟石膏。用于制作模型的石膏粉是已经脱去水分的无水硫酸钙。

石膏粉质地比较细腻，是一种非常理想的模型制作材料。石膏粉与水融合发生化学反应成为溶液，

图2.2

石膏溶液在凝固之前具有较好的流动性，可以借助模具浇注出各种各样的形状。凝固后的石膏具有很好的硬度与强度，易于刮削、打磨，既可以塑造产品形态，也可以制作压型模具或是胎具。使用石膏制作的模型，可长期保存。

石膏粉适用于制作标准原型、交流展示模型。

2.1.3　纸类

纸是以植物纤维为原料，经不同加工方法制得的纤维状物质，被广泛应用于人们的生活和工作中。纸的种类繁多，如果按用途可分为包装用纸、印刷用纸、工业用纸、生活用纸、办公用纸、特种纸等。

纸质轻，具有一定的强度与韧性，便于加工、操作，在产品模型制作中，经常将纸作为替代材料，可以快速表达设计构思。

用于模型制作的纸张主要为箱板纸和板纸，箱板纸具有一定的支撑强度，板纸具有一定的厚度，硬度比较大，如图2.3所示。

图2.3

纸类主要用于设计初期构建产品基本形态、模拟运动方式、表现结构设计等。

2.1.4　塑料类

塑料是由合成树脂及助剂(或称添加剂)构成。树脂是塑料的主要成分，指尚未和各种添加剂混合的高分子化合物；助剂主要是填料、增塑剂、稳定剂、润滑剂、色料等。

树脂的种类繁多，如果按照是否具有可重复加工性能进行分类，树脂可分为热塑性树脂和热固性树脂。

1. 热塑性塑料

热塑性塑料如聚乙烯、聚丙烯、聚氯乙烯等。热塑性塑料在加工成形过程中一般只发生熔融、溶解、塑化、凝固等物理变化，可以多次加工或回收，具有可重复加工性能。

热塑性塑料质轻，常温下弹性、韧性、强度也比较高；塑料的物理延伸率较大，具有良好的模塑性能；具备机加工性能，可以进行车、铣、钻、磨等加工，通过模塑加工或机加工后的模型精致、美观。产品模型制作中常使用聚甲基丙烯酸甲酯(PMMA)、丙烯腈-丁二烯-苯乙烯(ABS)、聚氯乙烯(PVC)等热塑性塑料作为模型材料。

制作手工模型时，所使用的热塑性塑料为半成品制品，主要有板材、管材、棒料等，如图2.4所示，适用于制作交流展示模型和手板样机模型。

图2.4

2. 热固性树脂

热固性树脂，如环氧树脂、酚醛树脂、不饱和聚酯树脂等，在热或固化剂等作用下发生化学反应而固化变硬，变成不溶、不熔的状态，无法回收与利用，不能进行重复加工。

热固性树脂在加工过程中通过交联固化从液态变为固态，利用树脂固化之前为液态状这一特性，依靠手工模具、使用裱糊成形或浇注成形的方法可制作出形态复杂的模型。固化反应过程中有热量产生，成形后易出现热收缩现象，固化成形后的硬度比较高。产品模型制作中常使用环氧树脂、不饱和聚酯树脂作为模型材料。

不饱和聚酯树脂和环氧树脂，如图2.5所示，适用于制作展示模型与样机外壳。

图2.5

除了以上常规的塑料产品，近年来也出现了一些高分子材料。聚氨酯是一种新兴的有机高分子材料，加入不同的添加剂聚合后，可呈现泡沫塑料(软、硬、半硬)、弹性体、氨纶、胶黏剂、涂料、油漆等多种形态。聚氨酯材料因其卓越的性能而被广泛应用于众多工业领域，涉及轻工、化工、电子、纺织、医疗、建筑、建材、汽车、航天、航空等。

在产品模型制作中，经常使用聚氨酯硬质发泡材料进行快速表达。该材料具有一定的硬度和强度，加工操作时简单、方便，如图2.6所示。

图2.6

2.1.5 橡胶类

橡胶种类较多，手工制作硅橡胶模具多采用双组分室温硫化硅橡胶原料。双组分室温硫化硅橡胶是兼具无机和有机性质的高分子弹性材料，呈液态无色透明黏稠状，掺入填料后变为不透明，如图2.7所示。

图2.7

双组分室温硫化硅橡胶加入固化剂后，在室温下经过一段时间自然凝固成形，硅橡胶与固化剂的配比要严格按照重量比进行配制并充分调和。液体硅橡胶凝固前具有良好的流动性，利用这一特性可用"浇注成形"的方法制作硅橡胶模型；凝固以后具有良好的弹性与柔韧性，可以任意弯曲，失去外力作用后能够恢复原状。硅橡胶耐高温、低温，性能良好，可承受很大的温差而不发生形变；耐酸碱性强，对大多数的酸性或碱性物质有着极好的耐受能力；凝固后的硅橡胶表面还具有良好的不黏性和憎水性。

在产品模型制作中，硅橡胶可以精确复制原物体的形状和细节，而且制作周期短，脱模方便。硅橡胶还可以制成模具，进行批量复制，提高生产效率。

2.1.6　木材类

木材是一种非常经典、实用的造型材料，其质轻、强度与硬度较高、柔韧性好、可塑性强，使用手工和机械操作的方法都可以对其进行深加工。由于不同树种的木质、颜色、肌理各不相同，且树木在自然生长过程中逐渐形成了"年轮"，加工过程中沿不同方向切割木材会出现各种美观的色泽与自然纹理，充分反映出木材的自然之美。

用于模型制作的木材种类比较多，主要有松木、椴木、水曲柳、楸木、柞木、红木等。由于自然生长的原木材料取材率相对较低，材料的损耗率较大，为了合理利用木材资源，人们充分利用现代科技及加工技术将原木材料进行深加工，由此制成多种类型的半成品材料，使自然原木的利用率大为提升，通过加工处理既保留了原木的自然特征，也节约了原材料，更方便使用。

图2.8

以手工方法制作木模型，使用的基本上是半成品材料，市场上销售的半成品材料种类、规格比较齐全，如已加工成各种规格的实木线材、实木板材，以及人工合成的细木工板、胶合板、纤维板、刨花板等，均可用于木模型制作，如图2.8所示。

木材可用于制作展示模型、手板样机模型或功能实验模型。

2.1.7　金属类

金属材料由天然金属矿物原料，如铁矿石、铝土矿、黄铜矿等，经冶炼而成。现代工业习惯把金属分为黑色金属和有色金属两大类：铁、铬、锰3种属于黑色金属，我们非常熟悉的钢铁就属于黑色金属；其余的所有金属都属于有色金属，如铜、铝、金等。

常用的金属材料具有良好的硬度、刚度、强度、韧性、弹性等物理特性，机械加工性能良好，经过物理加工或化学方法处理的金属表面具有强烈的加工技术美和自身的材质美感。

选用金属材料进行模型制作，能够获得理想的效果和极高的质量，但制作难度相对较大，成本也比较高，需要专用加工设备经过多道加工工序处理。

市场上销售的半成品金属材料有各种规格和形状的板材、管材、棒材、线材、金属丝网等，可以直接作为模型制作材料，如图2.9所示。

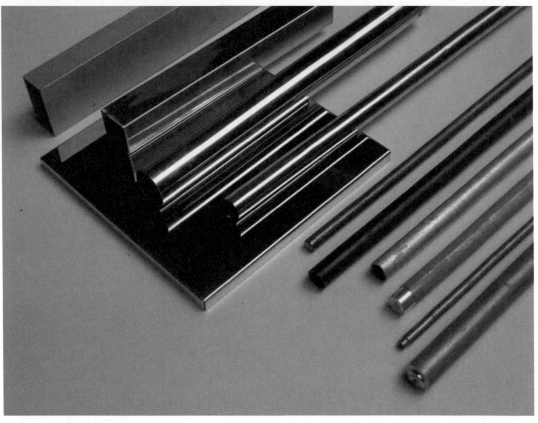

图2.9

金属材料适用于功能实验模型、交流展示模型及手板样机模型的制作。

上面介绍了几种常用的制作模型的材料，当然适用于模型制作的材料还有很多，设计人员应多尝试、多使用各种材料，熟练掌握材料的特性及加工工艺，以充分发挥模型制作在设计中的作用。

2.2 产品模型制作材料的应用

产品模型制作材料的应用，需充分考虑材料的适用性与易成形性。根据产品设计的不同表现阶段及特殊表现要求采用合适的材料加以应用。

产品设计在不断变化、改进与调整的过程中逐渐完成，这就要求被选用的材料既要体现设计内容，也要方便加工，以适应不断变化的设计要求。早期的模型用于快速形象化概念，应尽量选用低密度、易加工的材料，而后期的模型越来越接近实际产品，使用高密度材料的概率比较高。当然，根据模型所要表达的设计内容，还要以灵活多样的方式综合、合理地使用材料，最大限度发挥材料自身的作用。

下面简要介绍不同种类的模型经常使用的材料。

2.2.1 概念构思模型的常用材料

概念构思模型主要用于初期的概念表达。由于在概念初期有很多设想需要及时快速表达出来,因此该阶段模型制作的目的是尽快将概念形象化、立体化,将早期设想的产品形态、结构、功能等基本构思内容展现出来,并进行分析和比较,然后通过对模型的快速迭代,引发和拓展设计师更具创新性的概念联想。

概念构思模型不必拘泥于精细度的体现,通常使用成形快、便于加工、易于表达的材料,如聚氨酯硬质发泡材料、纸材料、聚苯乙烯泡沫板等低密度材料,使用此类材料已经足以应对初期设计概念的表达。

如图2.10所示,遥控器的设计过程中为体现设计初期的许多创意,使用了易加工的材料大量构建概念构思模型,目的是及时、快速地把初期的设计概念表达出来,并进行拓展与沿伸,同时也为设计师提供分析、对比和探讨的依据。在此过程中,往往能够激发设计师的联想,甚至能够引发初始概念的新突破,实现创新。

如图2.11所示,插接式灯具设计直接使用了箱板纸来概括表达灯具的形态、结构及灯光效果等设计内容。

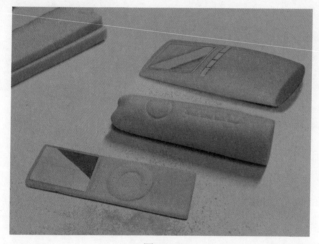 

图2.10   图2.11

2.2.2 功能实验模型的常用材料

功能实验模型通常用于实验与测试,在满足产品形态、结构、功能、性能等实验内容与测试条件的基础上,可以恰当选用材料。

如图2.12所示,在汽车座椅头枕冲击强度实验中,头枕与椅背插接结合部位使用成品材料进行测试,通过重锤下落冲击实验判断支撑头枕的钢架结构是否符合冲击强度要求。如果使用替代材料进行实验,会由于获取的数据不准确造成潜在的安全隐患,功能

图2.12

实验模型也就失去了价值。

　　功能实验模型只要具备实验条件，就可采用容易加工的材料进行模型制作，既提高了制作效率，也减少了不必要的投入。

　　如图2.13所示，风洞实验中使用油泥材料制作的模型完全可以满足实验要求，此时就没有必要使用未来产品所用的真实材料进行测试。

图2.13

　　图2.14所示的尺度分析模型用于研究产品的尺寸，为了快速表达产品的实际尺寸及各局部形态之间的比例关系，使用了箱板纸等具有一定支撑强度的软性材料进行设计表达，对预想尺寸进行展现，在此基础上继续深入分析和研究产品的其他功能。

图2.14

2.2.3 交流展示模型的常用材料

交流展示模型以体现产品的外观设计内容为主,重点表达产品的外观形态,以及色彩、肌理、质感等效果,局部形态之间的结合关系也要清晰地刻画出来。展示模型由于具有交流、展示、宣传推广的作用,所以应根据展示环境和展示要求的不同灵活选用材料。

交流展示模型面对三类人群,即设计师、客户和用户。设计师制作交流展示模型的意图是分析、研究与设计交流,模型材料尽量选用易于加工操作的材料,如使用聚氨酯硬质发泡材料、油泥、纸类材料等;客户需要的交流展示模型主要用于产品的宣传与推广,无论使用何种材料替代,只要能够真实表现产品的外观形象便达到了目的;面对用户的交流展示模型可能会有互动需求,所以最好选用强度高、硬度好的材料,如塑料类、木材类、金属类等,这样能为用户创造更真实的体验感。

图2.15

为充分表现产品的外部特征,设计师还需要对表面处理技术有比较深入的了解,通过物理和化学等处理方法,可以获得很好的外部设计预期效果。

儿童餐具设计的目的是增强儿童左右手的协调能力,图2.15所示的交流展示模型是在充分研究使用方式的基础上确定的,用于展示成品效果及与用户互动。模型采用3D打印技术成形并做表面处理,使模型具有与成品完全一样的效果。

如图2.16所示,调味瓶的设计理念取自三个和尚的典故,生动有趣。模型采用木质材料,体现了天然环保、健康安全的形象。

图2.16

2.2.4 手板样机模型的常用材料

手板样机模型主要用于生产前期各项设计指标的综合验证与评定,通过样机模型进行标准化审查、生产工艺路线确定、材料成本核算、工艺文件的设计与编制等,根据测评结果调整设计及工艺,为批量生产做好准备。

在材料的选用上,一般情况下采用满足测试要求的材料,如塑料、金属、木材等,但并不强调与正式批量生产所用的材料完全一致。

如图2.17所示,这款户外垃圾箱的设计,产品的外观材料预期是金属壳体,但在制作手板样机模型时用硬质塑料替代，因为该模型主要用于生产工艺流程制定及材料成本核算等，不需要进行抗压、抗弯、挤压等强度试验。模型的表面经过加工和涂饰，看起来与实物效果十分相似，但大大降低了制作难度。

如图2.18所示，这款水具的设计，产品的预期材料为玻璃，经综合考虑，直接使用玻璃材料进行手板样机模型制作。该模型不仅可以展示产品的最终效果，还能用于测试玻璃软化后能否在模具中吹制成设计的形状，验证玻璃把手的受力情况等。使用真实材料进行模型制作，可同时满足多项设计内容的验证与测试需求。

图2.17　　　　　　　　　　　　　　　　　　图2.18

2.2.5　产品模型制作综合案例

本小节以电动助力车的电池盒设计为案例，简要介绍在不同的设计阶段，使用合适的材料及不同种类的模型来表达设计内容的方法。

设计之初，针对电池盒与车架的位置要求、盒内电池组与控制器等器件的安放要求等内容进行综合构思，重点解决装配及充电方式等问题。此阶段主要是将初期设计概念和想法以三维形态快速、概括地表达出来，要尽量多做一些模型，表达各种构思，作为设计概念的延伸与拓展。使用聚氨酯发泡材料进行制作，可以快速表达产品的基本形态，以及各零件之间的基本连接关系，如图2.19所示。

图2.19

为确保电池盒与车架结构有效配合，同时要满足电池盒自身形态的使用变化要求，需对形态设计认真推敲。此时，需要制作比例为1∶1的功能实验模型，用于准确表达电池盒外部形态设计，通过该模型进行尺寸数据采集，也为电池盒的模具设计提供研究依据。此实验模型使用的是油泥材料，该材料有利于形态的快速塑造，而且表现精细，可以制作出尺寸准确的模型形态，如图2.20所示。

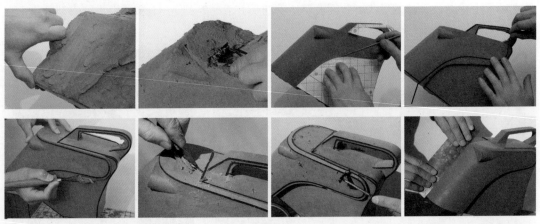

图2.20

外部形态的特征指标通过交流展示模型可快速进行设计表达。为了模拟表现外部效果，在油泥模型表面采用了油泥专用装饰膜进行装饰处理，由于贴膜材料具有制作方便、快速表达、容易体现预期效果等特点，适合用于表现产品外部的颜色、肌理，以及连接结构等特征，如图2.21所示。

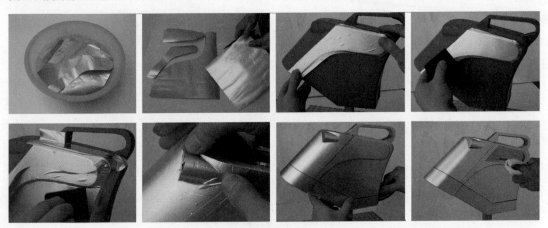

图2.21

样机模型主要用于产品批量生产前各设计指标的数据测试与采集。经过前三个阶段使用不同材料进行模型表达，验证了各阶段的设计内容，同时已经获取了大量的分析数据，在此基础上进行手板样机模型制作。手板样机模型的制作过程：通过对油泥模型进行逆向扫描获得数字模型，经过CAD后期处理，再使用3D打印技术制作。模型效果如图2.22所示。

图2.22

2.3 本章作业

思考题

1. 产品模型的常用材料有哪些?
2. 不同种类的产品模型在不同设计阶段发挥什么作用?

实验题

根据本节介绍的模型制作材料，采集不同材料的样板。

第3章

产品模型制作常用的工具、设备及安全防护

主要内容：产品模型制作常用的工具、设备，以及工具、设备的使用要求。

教学目标：熟悉产品模型制作中工具、设备的使用方法。

学习要点：掌握常用工具、设备的使用和操作方法。

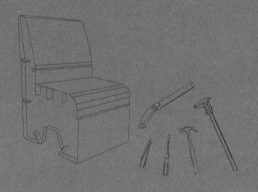

Product Design

在模型制作过程中，需要使用工具、机械设备对材料进行加工，有些材料只需要使用手动工具制作即可，而有些材料则需要电动工具或机床工具。无论使用何种工具，在加工过程中都可能存在安全隐患问题，如锋利的工具、强力的电力机械设备、材料加工的粉尘、化学物品的腐蚀、噪声等，如果缺乏安全意识，就可能会对制作者造成伤害，甚至危及生命。

因此，在制作模型之前，要了解材料的特性，学习工具和机械设备的使用方法、操作规程、安全防护措施等内容，有效防止安全事故的发生，提高模型制作的质量与效率。

本章主要介绍制作模型的常用手工工具、机械设备、度量工具的使用方法，以及操作环境要求和安全防护措施。

3.1 常用加工工具和设备

3.1.1 裁切类工具

在模型制作中，常需要进行剪切、切割材料等操作，此时需使用裁切类工具。常用的裁切类工具如剪刀、美工刀和勾刀等，如图3.1所示。

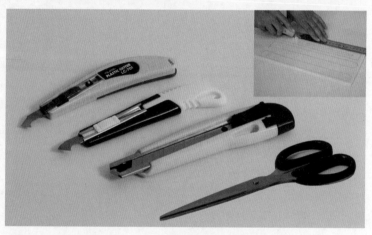

图3.1

- 剪刀：可以灵活裁剪各种形状，是常用的裁剪工具。
- 美工刀：用于切割软质材料，如纸类材料、聚苯乙烯泡沫等。
- 勾刀：利用尖锐的刀角勾画材料，如在大块的薄塑料板材上取下部分材料时，可使用勾刀进行多次勾画，能快速将塑料板分割开。

3.1.2 锯割类工具和设备

1. 手工锯割工具

手工锯割工具用于锯割模型材料，例如切割聚氨酯发泡材料、木材、纸板、塑料等。粗齿的锯割工具适用于锯割比较软的材料，细齿的锯割工具更适用于锯割硬质材料，如图3.2所示。

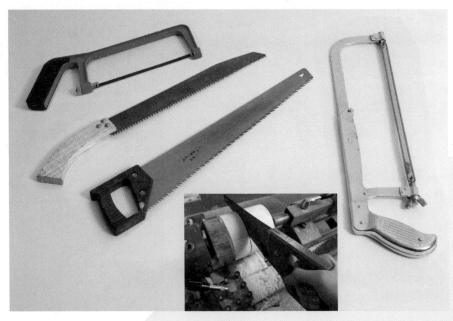

图3.2

2. 电动曲线锯

电动曲线锯的锯条可沿上下方向重复移动，能够在材料上快速、灵活地切割出各种曲线，如图3.3所示。

图3.3

电动曲线锯在切割过程中会产生热量，尤其是在切割塑料材料时容易产生高热，因此在切割时要注意速度不可太快，防止发生高热使材料与锯条发生粘连导致安全隐患。注意，不能使用该工具切割金属材料。

3. 电动带锯

电动带锯的锯条是一条封闭的金属锯条，开启电动带锯时锯条沿一个方向高速运动来切割材料，如图3.4所示。

电动带锯用于切割体量较大的软质材料，如木料、塑料等，切割时材料的推动速度不宜太快。注意，不能使用该工具切割金属材料。

此外，操作这类大型电动设备时，必须有专业人员辅导才能进行。

4. 电动裁板机

电动裁板机的锯盘可以上下调节，工作台面上有标尺与限位装置，可根据裁切需要进行调整，开启机器以后，圆形锯盘高速旋转，推送材料至锯盘时开始进行锯割，如图3.5所示。

图3.4

电动裁板机可用于切割大型的软质板材，例如塑料板、木板、硬纸板等。注意，不能使用该设备切割金属材料。

此外，电动裁板机属于大型电力设备，须有专业人员辅导才能进行操作。

图3.5

3.1.3 锉削、磨削类工具和设备

1. 锉刀

锉刀通过对模型材料进行锉削加工，可以获取所需的形状。锉刀上的锉齿粗细大小不一，粗齿的锉刀比较适合锉削软质材料，细齿的锉刀适合锉削硬质材料，什锦组锉可用于精细锉削

材料的轮廓边缘，如图3.6所示。

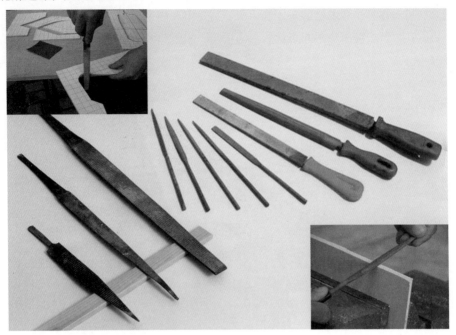

图3.6

2. 手持电动打磨机

手持电动打磨机灵活、方便，在打磨机上安装不同目数的砂纸，推动打磨机进行打磨，可以获取光滑、顺畅的材料表面，如图3.7所示。

图3.7

打磨机可以对软质、硬质材料的表面进行打磨处理，大面积打磨时可有效提高工作效率。打磨时不要对打磨机过度施压，防止损坏机器。

3. 电动修磨机

电动修磨机有多种形状的修磨头，开启机器后，刀头高速旋转，用于精细修饰材料的边缘形状，也可以在材料表面添加不同形状的装饰槽等，如图3.8所示。

图3.8

4. 台式电动砂带机

台式电动砂带机主要用于对软质、硬质材料的表面进行打磨处理，可进行水平和垂直方向的打磨，适用于打磨大平面，也适合打磨边角，如图3.9所示。开启电源后砂盘开始旋转，封闭的砂带环在主轴的带动下沿一个方向运动。打磨时手持材料轻轻与砂带接触，再逐渐施加压力。

图3.9

3.1.4　钻削、车削类工具和设备

1. 手持电钻

手持电钻可以方便地在材料上进行钻削加工，打出不同规格的孔径，如图3.10所示。

图3.10

操作电钻时，不可使用很大的力量压持打孔，否则很容易使钻头和材料卡死，造成电钻烧毁，甚至扭伤手腕。

2. 钻铣床

钻铣床的主轴连接卡头，卡头上可以夹持钻头、铣刀，如图3.11所示。

在钻铣床上可以对软质、硬质材料进行加工，也可以对金属材料进行加工。加工前，用台钳将材料夹紧。开启设备时主轴高速旋转，搬动手柄可使主轴上下移动，进行打孔操作。当进行铣槽、铣面、铣边等加工时，先将旋转的铣刀下铣一定深度，但吃刀量一定要小，然后锁定主轴，慢慢转动拖板手柄，使拖板沿水平线性方向移动，走刀量要小，此时可以在材料上铣出凹槽等形状。

使用钻铣床设备，必须有专业人员辅导才能进行操作。

3. 车床

车床的主轴上装有卡盘，加工时将材料夹持在卡盘上，在车床拖板上面有刀架，可以夹持不同形状的车刀，如图3.12所示。

图3.11

图3.12

在车床上可以对软质、硬质材料进行加工，也可以对金属材料进行加工。开启车床后卡盘高速旋转，转动刀架手柄，使车刀与材料接触进行切削加工，利用车床可将材料切削加工成回转体的形状。

使用车床设备时，必须有专业人员辅导才能进行操作。

3.1.5　电加热类工具和设备

1. 热风枪

使用热风枪可以对材料进行加热处理，例如局部加热塑料、油泥等，如图3.13所示。使用热风枪的方法，是手持热风枪，将出风口对准材料上需加热部位均匀地来回移动，不要只停留在一个位置。

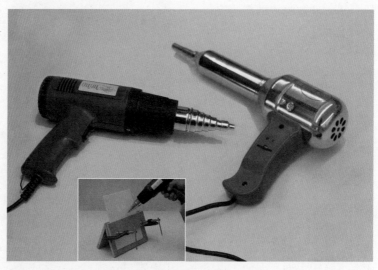

图3.13

热风枪在加热操作中，出风口部位温度很高，使用时一定要注意不要接触此部位，避免烫伤。还要注意一定不能让出风口部位搭在电线上面，防止烫化电线塑料护套，从而发生触电危险。

2. 红外线加热箱

红外线加热箱升温后箱体内会产生很高的热量，用于材料的加热、烘干等，如图3.14所示。红外线加热箱的内部空间较大，对体量较大的材料进行加热时，能够一次性完成加热且使材料受热均匀。

注意：在红外线加热箱中拿取材料时，一定要戴上防护手套，以免烫伤皮肤。

图3.14

3.1.6 气动工具、设备

1. 空气压缩机(气泵)

空气压缩机主要用于给气动工具提供气动力，如图3.15所示。开启电源，空气压缩机开始工作，储气罐内的气压逐渐增大至工作气压。

注意：启动气泵之前，要设定好工作气压数值。

图3.15

2. 气钉枪

气钉枪通过气动力将排钉打入材料，如图3.16所示。制作木质材料模型时，使用气钉枪可以快速将构件连接在一起。

注意：气钉枪需要连接气泵才可以工作。

图3.16

3. 喷枪

喷枪通过气动力将涂料雾化喷涂在材料表面，如图3.17所示。可通过调节喷嘴的旋钮来控制油漆喷出的面积。

注意：喷枪需要连接气泵才可以工作，由喷枪上的扳机控制出气量。

图3.17

3.1.7　度量、画线工具

在加工过程中，度量、画线工具主要用于测量、复核加工尺寸，界定和标记模型各部位的形状、尺寸等，如图3.18所示。

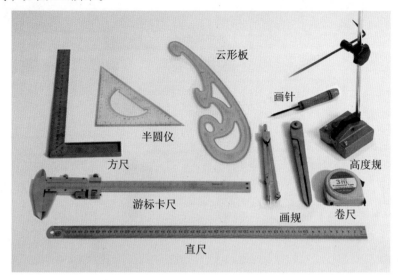

图3.18

图3.18中各工具的作用如下。

- 直尺：度量长度、界定尺寸、辅助画线等。
- 游标卡尺：测量外径、内径、厚度尺寸，测量孔径的深度等。
- 方尺：测量垂直角度，画出垂直线形。
- 半圆仪：测量180°以内的角度，绘制角度线。
- 云形板：云形板有多种弧度的边缘，可以辅助画出曲线形状。
- 卷尺：测量和界定较长的尺寸。
- 画规：画出弧度和曲线形状。
- 高度规：在高度方向上画出线形。
- 画针：在硬质材料上画出线形痕迹。

3.2　专用加工工具和设备

3.2.1　油泥专用工具

油泥专用工具主要是对油泥进行刮削、镂刻、剔槽、切割、压光等加工处理。市场上销售的油泥专用工具品种、规格齐全，设计人员也可根据模型要求自行制作一些特殊用途的油泥加工工具。

1. 油泥专用加热器

油泥在常温状态下具有一定的硬度与强度，所以在使用油泥制作模型时，先要将其加热，油泥遇热变软后方可进行操作。油泥专用加热器能批量软化油泥，使之全部均匀受热，如图3.19所示。

图3.19

油泥专用加热器具有温度控制功能，一般情况下油泥的软化温度控制在60℃为宜。拿取油泥的时候，应小心烫伤皮肤。

2. 工作台

工作台主要用于支撑和塑形油泥材料，防止材料污染，如图3.20所示。工作台的台面上带有坐标格，可定位X、Y方向的尺寸坐标，帮助制作人员更加精确地塑造模型的外形和细节；台面四周有油泥收纳槽，可收集、存储废弃的油泥，以便后续再次利用。

图3.20

3. 刨刀

刨刀主要用于快速刨削油泥粗糙不平的表面，如图3.21所示。刨刀主要分为平面刨刀和弧面刨刀两种类型。

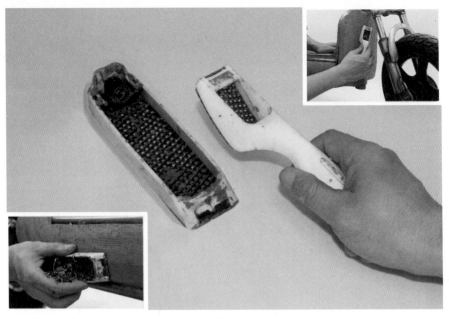

图3.21

4. 刮刀

刮刀是制作高精度油泥模型的重要工具之一，能够起到刻画设计线、切割曲面油泥和清理油泥等多种作用，如图3.22所示。刮刀的刃口形状有直线形和弧线形，分为锯齿口、平口两种，锯齿口刮刀用于大面积粗刮、找平油泥表面，平口刮刀可对油泥表面进行精细加工。刮刀的金属刃口非常锋利，使用时要特别注意，不要刮伤手部。

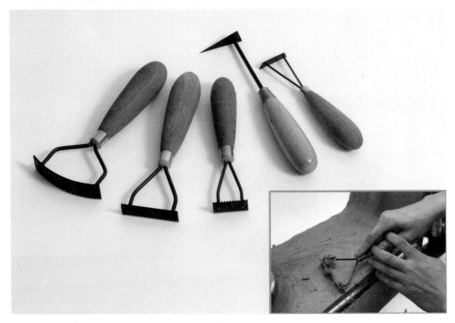

图3.22

5. 镂刀

镂刀是一种油泥加工专用工具，可在油泥表面进行细致的雕刻和镂空操作，如图3.23所示。镂刀的刃口用扁片状金属丝圈合成特定形状，有平口和弧形口，用于镂空形体、切割凹槽。

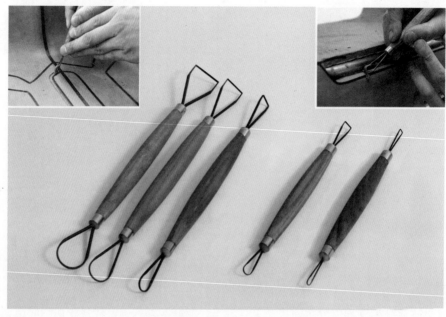

图3.23

6. 刮片

刮片是一种塑形、修整和刮平油泥表面的工具，可以对油泥进行精刮和压光处理，使得表面光洁、顺畅，为油泥模型表面装饰打好基础，如图3.24所示。刮片用富有弹性的金属薄钢板制成，厚度不等，通常为0.12mm ~ 1.5mm。

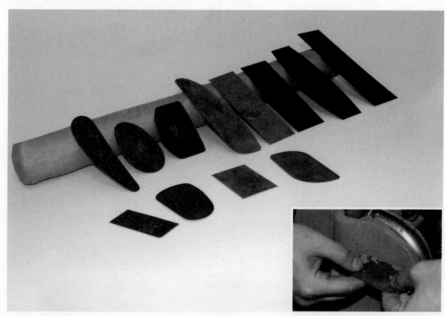

图3.24

7. 构思胶带

　　宽窄不一的构思胶带具有黏性，可以直接贴在油泥上并能够随意变化线形走向，如图3.25所示。构思胶带具有两方面的作用：一是通过胶带贴出轮廓线形，能够辅助表达线形变化是否符合设计要求；二是线形定位以后，将胶带边缘作为分界线进行精确加工。

图3.25

3.2.2　木工专用工具

　　木工工具种类繁多，下面重点介绍几种常用的手工木工工具。

1. 画线类工具

　　使用画线类工具，可以在木材表面画出加工轮廓线的痕迹，如图3.26所示。

图3.26

画线类工具主要包含如下几种。

- 弹线墨斗：墨斗中有墨水，细线缠绕其中，拉出细线后绷紧细线，可在木材上弹出直线。
- 勒线器：可在木材上勒出线形痕迹。
- 两脚画规：可在木材表面画出圆弧与曲线形状。

2. 锯类工具

锯类工具主要有拐子锯、手持锯、刀锯等，如图3.27所示。拐子锯上绷卡的锯条有宽条、细条、粗齿、细齿之分，可以将大木料破开锯割成小木料，切割时比较省力。手持锯和刀锯使用方便，操作灵活，主要用于锯割薄料板材，掏空、截断木料等。

图3.27

3. 刨削类工具

刨削类工具主要有线刨、槽刨、滚刨、平刨等，如图3.28所示。线刨、槽刨能在木材上沿直线方向刨出不同样式的槽、边角；滚刨可以刨削板材上的曲边；平刨分为长平刨和短平刨，长平刨用于大面的刨平、长边的刨直，短平刨主要用于局部找平。

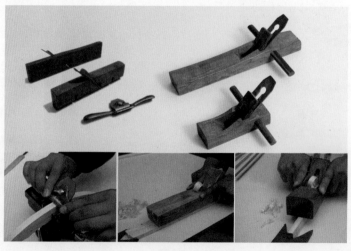

图3.28

4. 开孔、开槽类工具

开孔类工具有凿、铲、钻几种类型，主要用于在木材上开出不同形状的通孔或盲槽，如图3.29所示。

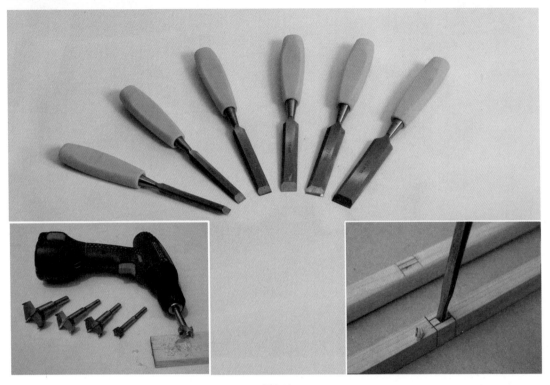

图3.29

3.3 辅助加工工具及材料

3.3.1 常用辅助加工工具

模型制作中经常要使用一些辅助加工工具，帮助制作者更加精确地创建和调整模型，提高整体效果，还可以提高工作效率、缩短制作周期。设计人员应了解各类工具的用途及使用方法。

1. 装配、整形类工具

装配、整形类工具主要用于调整模型部件，修复模型外观和结构，以确保模型的完整性和美观度，提高模型制作效率和质量，如图3.30所示。

常用的装配、整形类工具如下。

- 螺丝刀(旋凿)：用于拧紧螺丝等连接配件等。
- 尖嘴钳、手夹钳：用于夹断金属丝、拔出金属钉、剪开电线塑料护套等。
- 羊角榔头、鸭嘴榔头：金属头的榔头，用于敲打硬质材料等。
- 木榔头、木拍板：木制的工具，敲打时能够避免对材料造成硬性损伤。

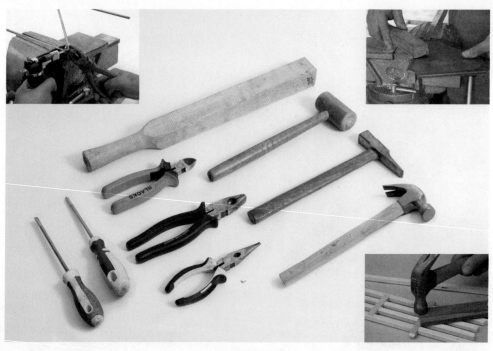

图3.30

2. 夹持类工具

夹持工具主要用于固定模型，确保其在制作过程中的稳定性。另外，夹持类工具还可以通过施加一定的力量或压力对模型进行微调和修正。常用于模型制作的夹持类工具有台钳、夹紧器等。

台钳是常用的夹紧、夹持工具，将材料放置于钳口之间，转动手柄就可以将材料牢固地夹持于台钳上，如图3.31所示。

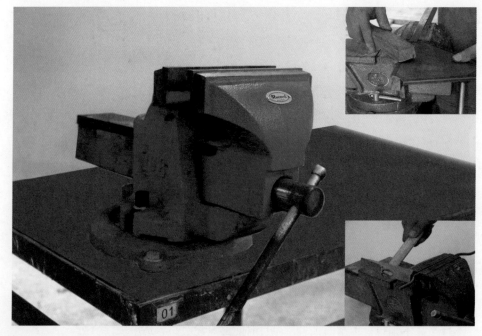

图3.31

夹紧器可以灵活、方便地将材料夹紧，便于稳固模型的零部件进行操作，如图3.32所示。使用夹紧器时，旋动下面的扳手，可以调节夹紧距离。

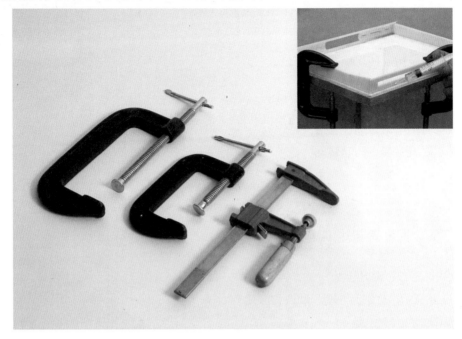

图3.32

3. 电子秤

电子秤用于称量物体的重量，如图3.33所示。在模型制作中，电子秤主要用来精确测量材料的重量。例如，使用硅橡胶时，硅橡胶和固化剂的重量需要严格地配比，配比不准确会导致胶体过快凝固或凝固不彻底，此时便需要使用电子秤对材料比例进行严格控制。

图3.33

4. 防护手套

在处理具有伤害性的材料和使用化学物质时，需要佩戴乳胶、丁腈、氯丁橡胶等材质的手套，如图3.34所示。使用前要仔细检查手套是否有裂缝，使用后应及时清洗或妥善处理。

注意：使用电力转动设备加工模型时不要戴手套，高速转动的刀具极易将手套缠绕，造成手部的伤害。

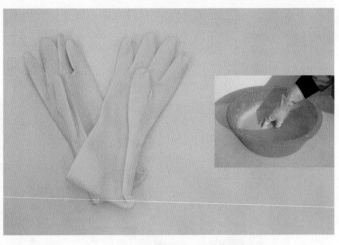

图3.34

3.3.2 常用辅助加工材料

1. 毛刷、砂纸、白凡士林

如图3.35所示，分别为毛刷、砂纸和白凡士林。

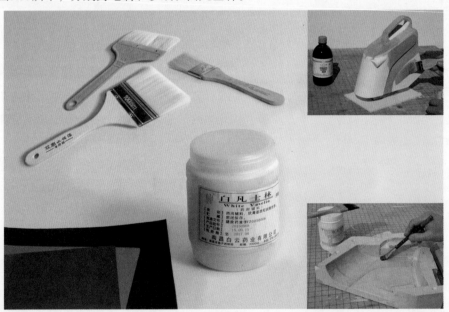

图3.35

- 毛刷：用于清扫灰尘，刷涂油漆、涂料等。
- 砂纸：用于打磨材料表面，砂纸的目数大小决定模型表面的光滑、细腻程度。
- 白凡士林：可以作为脱模剂使用，在石膏模型的制作中常使用白凡士林作为脱模剂。

2. 原子灰、固化剂

原子灰俗称腻子，又称不饱和聚酯树脂腻子，是嵌填材料，如图3.36所示。在模型制作中常使用原子灰材料填充模型表面的凹陷、裂缝，它能够很好地附着在物体表面，干燥后不产生裂纹。使用时参看使用说明，需按比例将固化剂与原子灰进行调和，方能使原子灰固化，固化后可使用水砂纸进行打磨。

注意：原子灰的气味刺鼻，使用时应佩戴防护口罩。

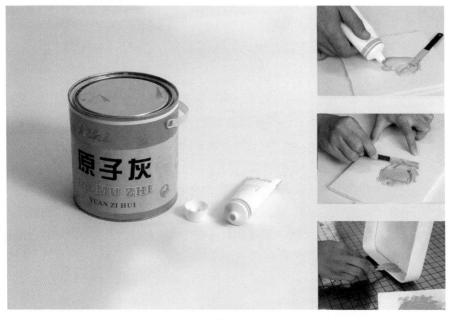

图3.36

3. 黏合剂

黏合剂是模型制作中常用的黏合材料，其种类繁多，可根据不同模型材料的需要选用合适的黏合剂，如图3.37所示。

注意：有些黏合剂具有腐蚀性，使用前务必阅读使用说明。

图3.37

3.4 操作环境与安全防护

3.4.1 操作环境

安全的操作环境既能提高工作效率，也能有效防止事故发生。人员在进入操作环境时，要严格按照相关规定执行，防止出现安全隐患。

进入操作环境的基本要求为：操作前要认真学习工具、设备的操作规程及安全防护知识；操作中务必严格按照各项安全规定使用和操作工具、设备；操作后按照安全管理规定及时整理、清理操作环境，形成良好的工作习惯；机电设备及危险品必须在专业人员指导下方可进行操作与使用。

模型制作过程中存在许多直接或间接的安全隐患问题，工具和机器设备可能带来机械危险，材料使用不当同样会造成伤害，尤其是化学物品的使用应更加慎重，环境的脏乱无序也会造成潜在的安全隐患等。所以，操作人员必须具备安全防护意识，最大限度地避免发生各种安全问题。

操作环境应有明确的工作分区，如手工操作区、机械加工区、危险品放置区、表面涂饰加工区、垃圾中转区等。无论在哪个区域，都务必按照相关安全与使用要求进行操作。图3.38为宽敞、明亮、通风的手工操作区。

图3.38

3.4.2 安全防护

安全防护主要包括设备防护与个人防护两个方面。

1. 设备防护

操作人员要严格按照使用与操作要求运行安全防护设备。例如，使用电力机械设备时，一定要按照设备防护要求使用设备自带的安全防护罩、防尘罩；使用喷漆柜、喷漆房或通风橱时一定要开启通风系统等，避免因操作带来的危险。安全防护装置一旦损坏，务必请专业人员维修，确认没有故障后方可进行操作。

2. 个人防护

在模型制作中，可能存在一些不安全因素，所以要充分做好个人防护准备，加工操作中必须使用一些个人防护器具。

(1) 工作服。在服饰方面，机械操作时不能穿戴宽松的服装和佩戴垂吊很长的首饰，避免被高速运转的机械工具与设备缠绕而造成严重伤害；进入操作环境要佩戴工作帽，长头发务必向后扎起并用工作帽遮盖起来；鞋子应该完全盖住和保护双脚，以避免掉落的物体或化学物质造成伤害，如图3.39所示。

(2) 防尘口罩。由于在加工、打磨聚苯乙烯泡沫、聚氨酯泡沫、塑料、木料等材料时会产生粉尘，所以加工中必须佩戴防尘口罩，尽量避免粉尘的吸入，如图3.40所示。

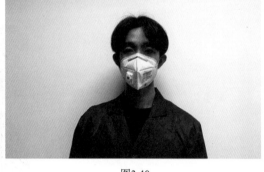

图3.39   图3.40

(3) 防毒面具。由于黏合剂、漆料、填充剂、化学试剂或铸模材料中的化学物质具有挥发性，有害性物质可通过呼吸进入人体造成伤害，因此在加工此类材料时应佩戴防毒面具，以最大限度阻止伤害，如图3.41所示。

图3.41

(4) 防护眼镜。防护眼镜是常规必备的防护工具，在加工模型材料时，会出现溅射的材料颗粒和飞扬的粉尘，也可能要使用挥发性物品，此时一定要佩戴防护眼镜保护眼部，如图3.42所示。

图3.42

(5) 降噪耳罩。长时间处于噪声很大的环境中可能会对听力造成损伤，所以在嘈杂的设备周围应配备降噪耳罩，如图3.43所示。

图3.43

任何操作都应该先进行危险评估，及早发现隐患，整个制作过程中要时刻按照安全规定及操作规程执行。操作中如果发生诸如机械伤害、灼伤、头晕、恶心等情况，要及时寻求帮助和医疗救助。

3.5　本章作业

思考题

操作环境与安全防护相关规定解读。

实验题

在专业教师及实验师的指导下，熟悉、使用、操作常用的加工工具及设备。

第二部分

产品模型常用材料及制作工艺

聚氨酯材料模型制作

主要内容： 使用聚氨酯材料进行产品模型制作的方法。

教学目标： 熟练掌握聚氨酯材料的特性，以及加工制作工艺。

学习要点： 通过聚氨酯材料的加工制作，快速、合理表达设计内容。

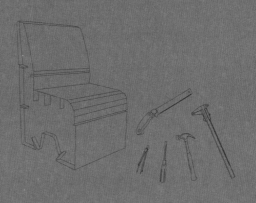

Product Design

聚氨酯材料加工方便，可根据设计概念快速进行设计表达，是常用的模型制作材料，适用于制作概念构思模型、功能实验模型等。

本章以制作咖啡机模型为案例，介绍使用聚氨酯材料进行模型制作的方法。咖啡机模型，如图4.1所示。

4.1 设计构思表达

图4.1

1. 草图表达构思内容

在初期构思阶段，设计师根据咖啡机的设计要求进行构想，快速绘制若干草图方案，并对这些方案进行分析、比较，从中选择一些相对理想的设计方案，如图4.2所示。

图4.2

2. 构建小比例迭代模型

根据草图方案，构建小比例模型用于表达初期设计概念，此过程要多制作迭代模型，从中选择可深入设计的模型继续进行分析研究。在此基础上，绘制比较规范的正投影视图，为深入表现设计内容做好准备。

3. 绘制图纸

通过对模型的形态、结构、使用方式等设计内容进行深入分析后绘制图纸，一般情况下要绘制出X、Y、Z三个方向的正投影视图，如图4.3所示，以该图形为标准，准备制作模型。

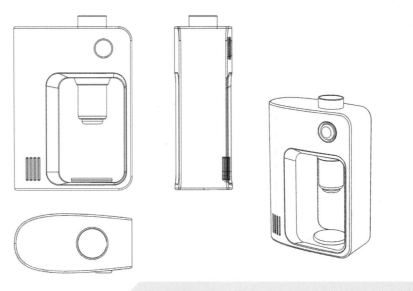

图4.3

4.2　基础形状加工

4.2.1　沿主视图轮廓线加工

1. 下料

01 参照图纸总的长、宽、高尺寸，在大块的聚氨酯硬质发泡材料上面画线，画线尺寸应适当大于图纸上的长、宽、高尺寸，目的是留出足够的加工余量。

02 使用切割类工具，按照画好的线切割聚氨酯硬质发泡材料，切割后使用砂带机快速将每一个面打磨平整，如图4.4所示。

图4.4

2. 贴图

01 将投影视图中的主视图粘贴于材料表面。

02 使用黏合剂粘贴图纸,注意图纸要尽量贴平整,不要出现褶皱、断裂等情况,如图4.5所示。

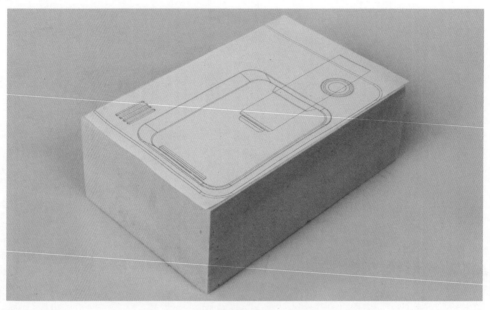

图4.5

3. 锯割加工

01 沿投影图中绘制的轮廓线锯割,先使用钻床在锯割线的内侧打孔,目的是将曲线锯条套入其中,如图4.6所示。

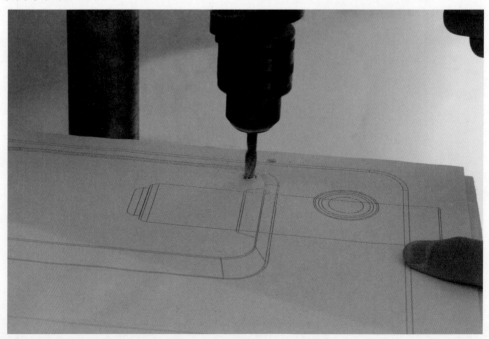

图4.6

02 将曲线锯条套入孔中并固定。启动曲线锯开始进行切割，注意切割时沿轮廓线内边缘切割，切割过程中要匀速推进材料，防止锯条跑出线外，如图4.7所示。

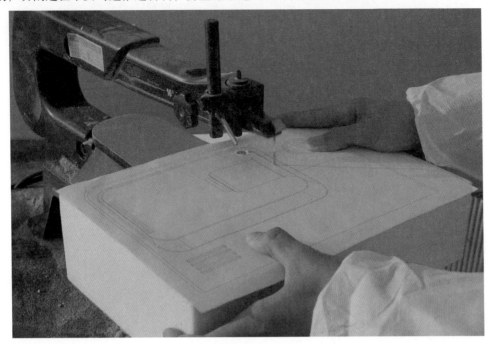

图4.7

03 切割完成，卸下锯条，取出被切割的部分，如图4.8所示。

图4.8

04 接下来进行外轮廓的切割。重新安装锯条，使用曲线锯或其他切割工具，沿图纸上绘制的外轮廓线进行切割，如图4.9所示。

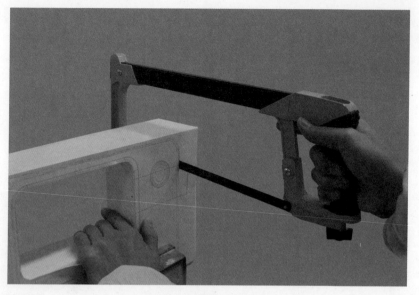

图4.9

4. 锉削加工

01 选择一个面作为基准面，对该面进行加工。

02 使用夹紧工具将材料夹紧。

03 使用平面锉刀对模型进行锉削加工，推动锉刀向前平移，逐渐移动锉削位置，将整个面锉削平整，如图4.10所示。加工时双手要把稳锉刀，保持锉刀不要晃动，以防止被锉削的表面不平整，锉削过程中随时观察是否锉削至轮廓线位置。

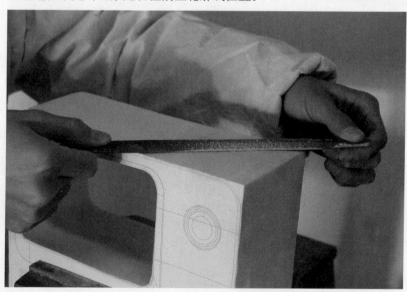

图4.10

04 使用直尺测量被锉削面的平直度，如图4.11和图4.12所示。方法是将直尺靠在被锉削的平面上，检查平面与直尺之间是否有缝隙；转动直尺继续测量，如果直尺与被锉削面没有缝隙，证明此面已经锉削平整。

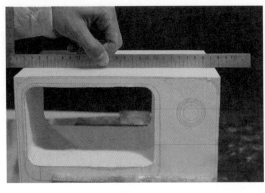

图4.11 图4.12

05 以加工好的平面为基准，对相邻面进行加工。松开台钳，将模型转换方向并再次夹紧，继续使用锉刀对相邻面进行锉削加工，随时检查平直度，如图4.13所示。

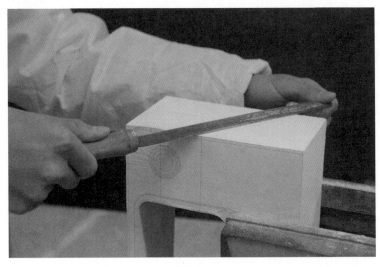

图4.13

06 使用直角尺测量两个相邻面的垂直度，如图4.14和图4.15所示。方法是将直角尺靠紧相邻面，观察两个相邻面与直角尺之间是否存在缝隙，如果没有缝隙，证明两个相邻面已经相互垂直。

图4.14 图4.15

07 锉削外圆角。使用锉刀锉削外圆角时，双手把持锉刀，持把柄的那只手在推动锉刀的同时要有下压的动作，这种锉削方法可以使被锉削的部位形成光滑的弧面，如图4.16所示。

08 锉削内圆角。使用有弧面的锉刀或圆柱形锉刀对内圆角进行锉削加工，逐渐锉削至轮廓线位置，如图4.17和图4.18所示。

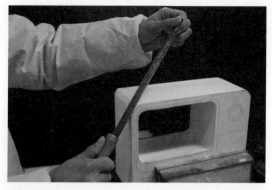

图4.16

图4.17

图4.18

4.2.2 沿俯视图轮廓线加工

1. 贴图

01 将投影视图中的俯视图粘贴于材料表面。

02 使用黏合剂粘贴图纸，注意图纸要粘贴平整，不要出现褶皱、断裂等情况，如图4.19所示。

图4.19

2. 锯割加工

01 绘制锯割辅助线。沿俯视图投影轮廓绘制辅助线，以防止切割模型的轮廓形状时发生位移问题，如图4.20和图4.21所示。

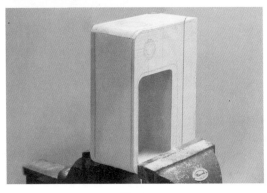

图4.20　　　　　　　　　　　　　图4.21

02 沿辅助线切割。使用切割工具沿着辅助线切割模型边缘轮廓形状，如图4.22～图4.25所示。

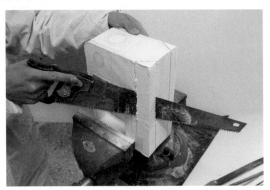

图4.22　　　　　　　　　　　　　图4.23

图4.24　　　　　　　　　　　　　图4.25

3. 锉削加工

01 使用锉刀锉削弧面，锉削弧面的动作与锉削外圆角的动作一致，如图4.26所示。

图4.26

02 如果要锉削的弧面面积比较大,可自制一个宽面锉削工具。方法是用砂纸将一块薄板全部包裹住,并在转折部位将砂纸叠出折痕,如图4.27和图4.28所示。

图4.27

图4.28

03 使用自制的工具对大弧面进行锉削加工,锉削方法如前,如图4.29所示。

04 也可以双手把持锉削工具,沿模型的一边进行往复推拉操作,采用此种方法可以获得光滑的弧面,如图4.30所示。

图4.29

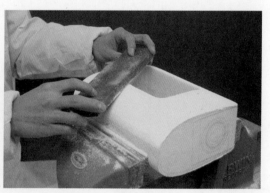

图4.30

如果两个投影方向的视图轮廓还不能完整界定出模型的立体形状,可继续使用侧视图辅助界定形状,在此不做赘述。

4.3 局部形状加工

在模型基础形状加工完成后，还需要对局部细节形状进行完善。

局部细节形状加工的操作步骤下。

01 粘贴图纸，以图形轮廓作为参照，如图4.31所示。

02 加工内切面。使用什锦锉刀沿轮廓线进行锉削加工，如图4.32所示。由于聚氨酯材料相对比较粗糙，用力过大可能会导致模型超差或形状失真，甚至变形断裂，所以加工过程中不要急于求成，动作要轻，操作要细心。

03 加工下沉圆。使用手持式电磨头机沿轮廓边缘打磨，如图4.33所示。由于手持式电

图4.31

磨头机的转速比较快，加之聚氨酯材料比较松软，所以打磨时磨头要轻轻接触材料，防止过快磨削。

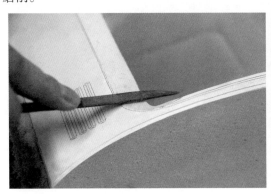

图4.32

图4.33

04 加工凹槽。换用大小适中的磨头，沿轮廓线的内边缘轻轻打磨，打磨过程中要把稳手持式电磨头机，逐渐加工至要求的深度，如图4.34所示。

05 全部细节形状加工完成以后，揭开图纸，仔细观察是否有未达到要求的部分，如图4.35所示。

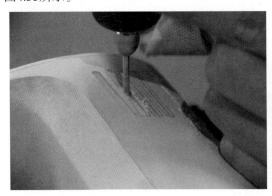

图4.34

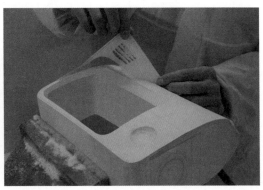

图4.35

06 如果模型个别部位存在问题，继续使用相关工具进行细化加工，如图4.36所示。

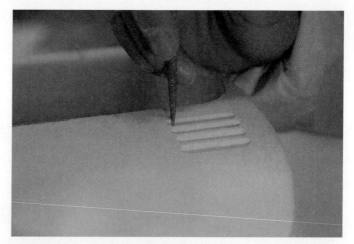

图4.36

07 整体形状塑造完成，对边角部位进行倒角操作，制作倒角时使用什锦锉或砂纸细致认真地操作，如图4.37所示。

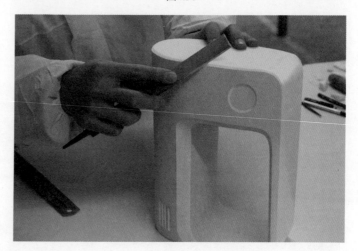

图4.37

4.4 配件加工

对于一些模型中的小配件进行单独加工，这样既便于操作，又可以提高制作效率。本案例中，模型的按钮、杯垫等小配件就是单独制作完成的。下面简要介绍制作配件的过程。

01 在材料上画出配件的轮廓线形，如图4.38和图4.39所示。

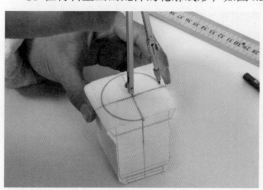

图4.38

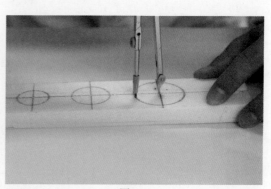

图4.39

02 使用砂带机大致打磨出配件的基础形状，换用锉削工具将材料锉削加工成圆柱体，然后切割出不同厚度的圆片，使用砂纸进行精细打磨，直至加工成配件最终形态，如图4.40～图4.43所示。

图4.40

图4.41

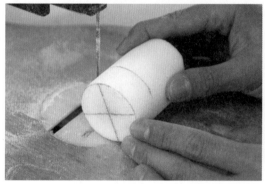

图4.42

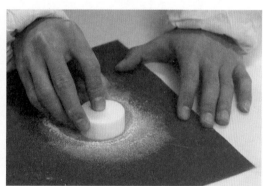

图4.43

4.5 黏结成形

01 所有零部件制作完成后，按次序进行排放，如图4.44所示，观察每一个零部件是否需要继续调整。

02 确认无误后，使用黏合剂将所有零部件黏结为一体，黏结过程中调整好零部件所在的位置，黏结完成后观察总体效果，如图4.45所示。

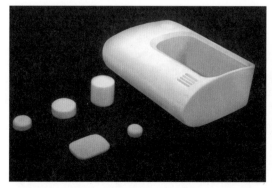

图4.44

图4.45

4.6 本章作业

思考题

简述使用聚氨酯硬质发泡材料制作模型的加工方法与操作步骤。

实验题

1. 根据设计构思,使用聚氨酯硬质发泡材料快速制作若干迭代模型。
2. 在迭代模型中选择一款满意的模型,重新进行精细制作。

第 5 章

纸质材料模型制作

主要内容：使用纸质材料进行产品模型制作的方法。

教学目标：熟练掌握纸质材料的特性，以及加工制作工艺。

学习要点：通过纸质材料的加工制作，快速、合理表达设计内容。

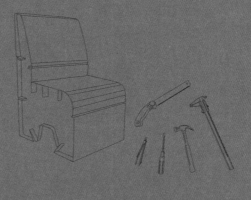

Product Design

纸质材料轻便、可塑造性强，可实现不同的造型和效果，是常用的模型材料，适用于制作概念构思模型、功能实验模型等。

本章以制作座椅模型为案例，介绍用手工操作方式对纸质材料加工的方法。座椅模型，如图5.1所示

图5.1

5.1 设计构思表达

1. 草图表达构思内容

在初期构思阶段，设计师根据座椅的设计要求进行构想，快速绘制若干草图方案，并对这些方案进行分析、比较，从中选择一些相对理想的设计方案，如图5.2所示。

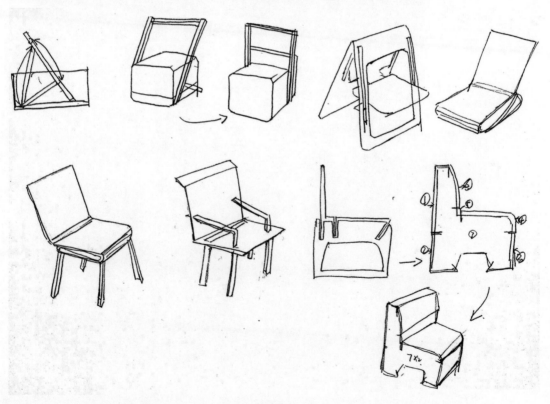

图5.2

2. 构建小比例迭代模型

01 使用比较容易加工的纸张，将筛选出来的设计方案进行立体表现，将设计内容进行三维形态转换，如图5.3所示。

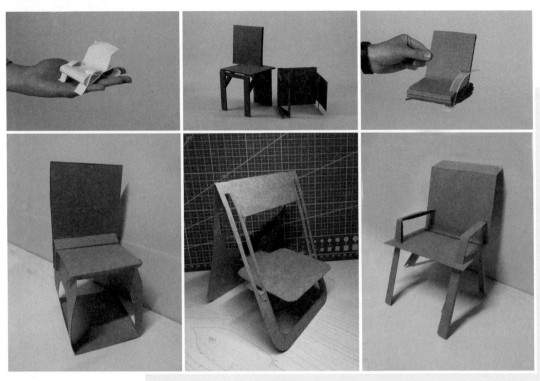

图5.3

02 综合分析与研究这些立体化的座椅形态，对造型、尺度、结构等设计内容进行推敲，过程中不断优化设计内容，选择比较理想的设计方案再次进行迭代表达，如图5.4所示。

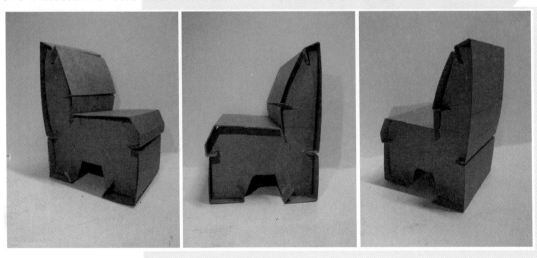

图5.4

03 按照迭代的模型绘制图纸，确定实际设计尺寸，如果5.5所示。图形全部绘制完成以后，需要对图形进行编号，便于对照和检查。

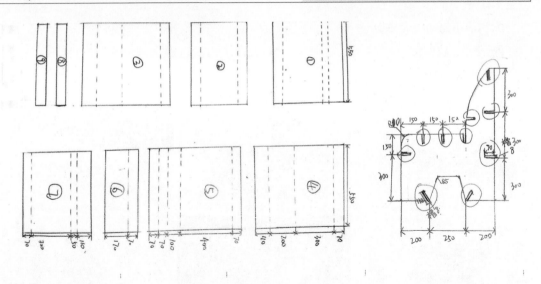

图5.5

5.2 绘制展开图

1. 绘制外部形态

01 在箱板纸上按设计尺寸绘制座椅各部位的展开图形，裁切的部位用实线表示，折叠的部位用虚线表示，如图5.6所示。

02 在绘制外部轮廓形态的过程中，可根据设计构思的变化随时对设计的整体或局部进行调整，如图5.7所示。

图5.6   图5.7

2. 绘制连接结构

01 对插接部位、连接结构进行绘制时，要仔细斟酌，对插接与连接方式进行仔细推敲，尽量减少设计误差，如图5.8所示。

02 所有零部件的轮廓图形绘制完成以后，需对各部位的连接尺寸进行审核，避免出现安装问题，如图5.9所示。

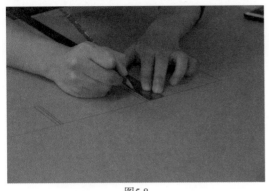

图5.8

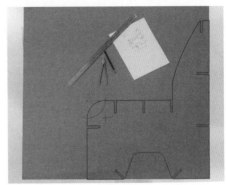

图5.9

5.3　裁切构件

1. 沿外部轮廓裁切

01 沿直线裁切。使用裁纸刀等裁切工具，沿外部轮廓线进行切割，切割时使用直尺辅助以确保裁切的轮廓线平滑，如图5.10~图5.13所示。

图5.10

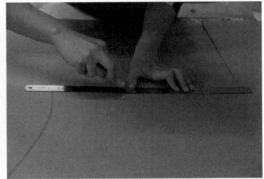

图5.11

图5.12

图5.13

02 沿曲线裁切。使用云形尺等曲线边缘工具对应曲线轮廓后进行切割，也可使用切割工具慢慢沿曲线边缘进行切割，注意切割的边缘要顺畅，如图5.14和图5.15所示。

图5.14

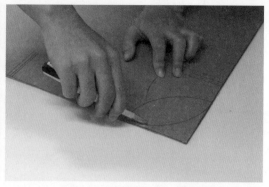

图5.15

03 若轮廓线为较大曲线，也可使用剪刀进行剪裁，如图5.16所示。

2. 切割连接、插接结构

切割连接、插接结构时，开口大小要控制好，开口宽度要稍小于插接纸板的厚度，以免插接后出现松动的情况，如图5.17～图5.20所示。

图5.16

图5.17

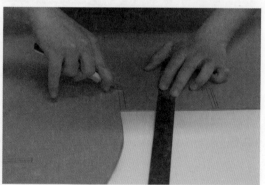

图5.18

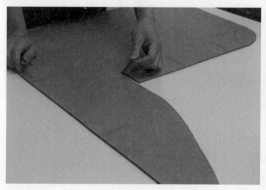

图5.19

图5.20

3. 相同构件的裁切

01 当制作多个相同的构件时，先完成一个构件，并仔细检查其是否符合要求。在此期间，可以继续对形态、结构、连接方式等内容进行调整，如图5.21所示。

02 将制作好的构件叠放在另一张箱板纸上，并与之固定，使用铅笔沿着构件的轮廓勾画。全部勾画完成后将构件拿开，继续使用裁切工具沿轮廓线形进行裁切，加工出相同形状的构件，如图5.22所示。

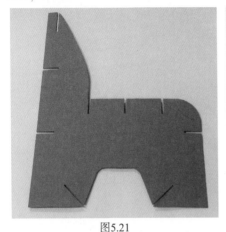
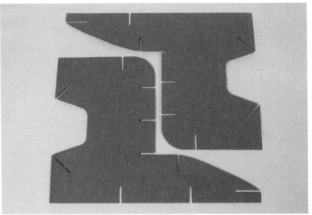

图5.21   图5.22

5.4 构件的折叠与拼装

1. 折叠构件

01 切割。在折叠部位使用裁切工具沿虚线进行切割，注意一定不要将纸张切透，如图5.23所示。

02 压痕。使用金属或木质画针沿着切割的线形压出凹陷痕迹，目的是便于在箱板纸上折叠形状，如图5.24所示。

图5.23   图5.24

03 将直尺放在折叠部位并压实，在箱板纸的背面使用比较硬的板材作为依托进行翻折，这种方法可折叠出理想的形状，如图5.25所示。

04 继续对其他部位进行折叠操作，完成单一构件的折叠，如图5.26所示。

图5.25　　　　　　　　　　　　　　　　　图5.26

05 将所有构件折叠完成，按插接次序摆放，检查是否有遗漏的构件，为下一步的插接与拼装操作做好准备，如图5.27所示。

2. 拼装构件

01 将座椅的两个侧面构件对称摆放，从最下面的部位开始进行插接，如图5.28所示。

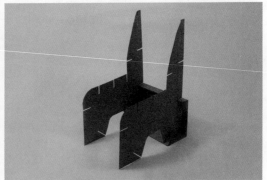

图5.27　　　　　　　　　　　　　　　　　图5.28

02 在插接过程中，要防止损坏接口部位，避免造成插接不牢的问题，如图5.29所示。

03 在拼装过程中，应随时观察、记录实物样式是否达到设计要求，为继续调整、改进设计方案提供依据，如图5.30所示。

图5.29　　　　　　　　　　　　　　　　　图5.30

04 按照次序继续将全部构件插接，如图5.31 ~ 图5.34所示。

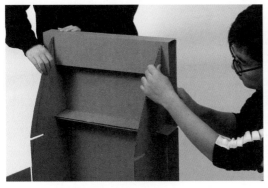

图5.31

图5.32

图5.33

图5.34

05 插接完成以后，整理模型整体形态，调试每一个零部件，仔细检查各局部连接是否存在问题，并及时调整，如图5.35所示。

图5.35

5.5 模型测试

在模型制作过程中，应随时反馈和验证阶段设计效果，对结构、形态、人机尺度、材料应用、工艺流程等设计内容进行分析，检查存在的问题，并使用模型进行迭代表达。通过模型验证座椅结构设计、人机尺度及形态的合理程度，如图5.36所示。至此，完成纸质模型的制作。

图5.36

5.6 本章作业

思考题

简述纸质材料制作模型的方法与操作步骤。

实验题

1. 根据设计构思，使用纸质材料快速制作若干迭代模型。
2. 在迭代模型中，选择有深入设计可能性的模型，进行精细化制作。

第 6 章

石膏材料模型制作

主要内容： 使用石膏材料进行产品模型制作的方法。

教学目标： 熟练掌握石膏材料的特性，以及加工制作工艺。

学习要点： 通过石膏材料的加工制作，精细表达设计内容。

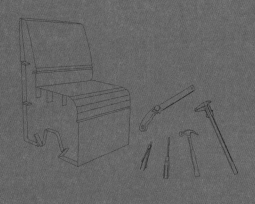

Product Design

石膏材料有较高的硬度和稳定性，是常用的模型材料，适用于制作交流展示模型、功能实验模型等。

在产品模型制作过程中，主要使用雕刻、旋转、反求(复制)等方法加工石膏材料。本章以制作桌面饮水机模型为案例，介绍用雕刻方式对石膏材料进行加工的方法与步骤。饮水机模型，如图6.1所示。

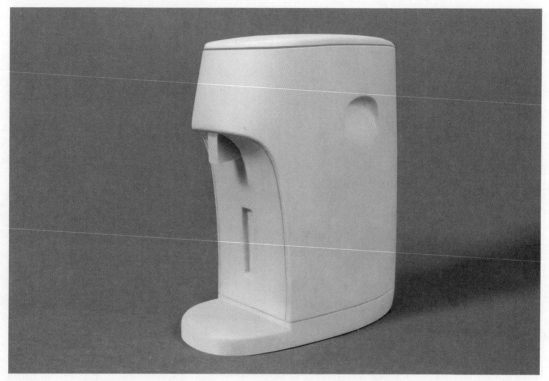

图6.1

6.1 设计构思表达

石膏材料的加工难度相对较大，因此在使用石膏材料进行模型制作时，需要先确定完善的设计方案，再实施模型制作。

在初期构思阶段，设计师根据桌面饮水机的设计要求进行构想，快速绘制若干草图方案，并对这些方案进行分析、比较，从中选择一些相对理想的设计方案继续深入设计。通过对形态、结构、使用方式等设计内容进行深入分析以后绘制图纸，一般情况下要绘制出X、Y、Z三个方向的正投影视图，以该图形为标准进行制作，如图6.2所示。

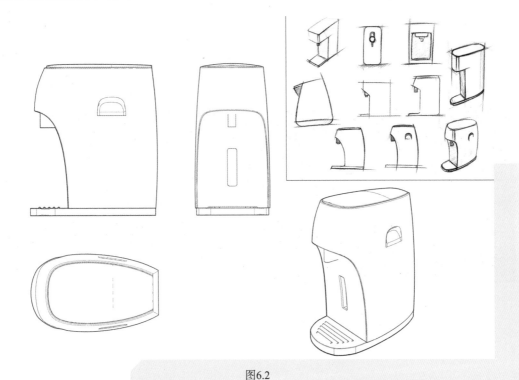

图6.2

6.2 搭建浇注型腔

由于石膏粉与水调和以后在一定时间内才能凝固，所以要事先根据设计形态搭建型腔。搭建型腔的材料不限，本案例使用KT广告板作为型腔板，板体挺括、轻盈，易于加工。

1. 绘制轮廓投影形状

01 根据设计的产品形状把最长、最宽的尺寸布局在水平面上，如图6.3所示。

02 如果投影形状为变化较大的曲线，可以直接绘制出最外边缘的投影轮廓，如图6.4所示。

图6.3

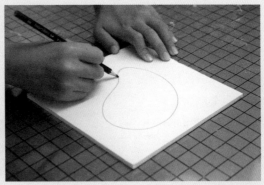

图6.4

2. 裁切型腔板

01 按照图形的长、宽、高尺寸裁切底托板和侧围板,如图6.5所示。

02 如果侧围板需要曲线走向变化,可在侧围板上事先进行切割,注意不要把板切断,只是将覆膜切断即可,如图6.6所示。根据曲线的走向变化,随时在板的另一面进行切割。

图6.5

图6.6

03 切割的间距越小,侧围曲率越好控制。将切割部位轻轻掰开,如图6.7所示。

3. 搭建型腔

01 打开热熔枪,等待胶棒受热呈熔融状态,慢慢扣动扳机并移动热熔枪,沿线形边缘均匀挤出胶液,如图6.8所示。

图6.7

图6.8

02 快速将侧围板与底托板相互黏结,侧围板要与轮廓边缘重合,等待胶液凝固,如图6.9所示。

03 使用同样的方法,继续将其他侧围板与底托板相互黏结,如图6.10所示。

04 侧围板与底拖板黏合后,继续将侧围板之间黏合牢固,如图6.11所示。

05 全部黏结后,在腔体中注入一些清水,检查是否有渗漏现象,如果出现渗漏,继续使用热熔枪将渗漏部位密封。

06 搭建曲线形状侧围板时,沿着曲线轮廓一边打胶一边进行黏合,当围合一圈以后,将多余的侧围板切割掉,将侧围板接口部位密封黏结,如图6.12所示。

图6.9

图6.10

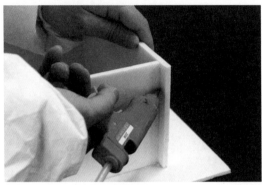

图6.11

图6.12

6.3　制作石膏体

6.3.1　调和石膏溶液

石膏粉与水调和以后可凝固成形，掌握正确的调和方法可以使凝固的石膏具有高强度、高硬度。因此，调和比例直接影响模型的加工质量。

1. 石膏粉与水的比例

石膏粉与水的配比，一般情况下体积比为1.5∶1，但不同产地的石膏粉存在差异，操作人员应根据实际需要，按照经验进行配比。

如果需要增加石膏溶液的流动性，可以适当多加一些水，使石膏溶液不易凝固，但石膏的强度和硬度会大打折扣；如果利用石膏制作模具，石膏粉的用量要相对多一些，或者在石膏溶液中加入适量的氯化钠(食盐)，以增加石膏的硬度与强度。

2. 石膏粉与水的融合方法

01 先将适量的清水倒入容器内。

02 将石膏粉均匀、快速地撒入水中，如图6.13所示。

03 观察石膏粉的撒入量，到液面时停止撒入，如图6.14所示。如果撒入的石膏粉过少，石膏溶液凝固后的强度、硬度不高；如果撒入过多的石膏粉，石膏溶液的凝固速度加快，溶液流动性变差，不利于浇注。

图6.13　　　　　　　　　　　　　　　　图6.14

04 等待石膏粉被水全部自然浸透以后，戴上橡胶手套，沿同一方向旋转充分搅拌形成石膏溶液，如图6.15所示。

05 均匀搅拌后，振动塑胶容器，使石膏溶液中的气泡上浮至液面，如图6.16所示。不要在撒入石膏粉的同时进行搅拌，此举容易将空气搅入石膏溶液中，使凝固的石膏中产生大量的气孔，且容易使凝固后的石膏硬度不均匀，影响加工质量。

图6.15　　　　　　　　　　　　　　　　图6.16

6.3.2　浇注石膏体

01 将调和好的石膏溶液小流注入型腔中，如图6.17和图6.18所示。

02 石膏溶液注入型腔以后，由于溶液比较黏稠，可用手轻轻晃动底拖板或轻轻拍打侧围板，使石膏溶液的液面自然流平，如图6.19所示。

03 当石膏凝固成形以后，打开侧围板，取出凝固的石膏体，如图6.20和图6.21所示。

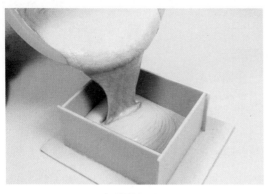
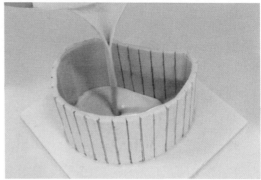

图6.17　　　　　　　　　　　　　　　　图6.18

图6.19

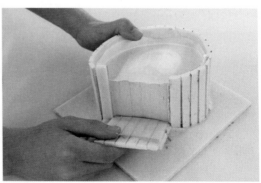

图6.20　　　　　　　　　　　　　　　　图6.21

6.4　雕刻成形

取出完整的石膏体以后，接下来要通过雕刻的方式对材料进行加工，获取模型的标准形态。

6.4.1 沿主视图轮廓线加工

1. 创建基准平面

创建一个基准平面，以该面为基础展开制作。使用锯条等带齿的工具将选中的基准平面刮削平整，刮削过程中随时使用直尺测量被刮削面的平直度，如图6.22所示。

2. 贴图

将主视图粘贴于被刮削过的平面，注意图纸粘贴得要平整，不要出现褶皱或断裂等情况，如图6.23所示。

 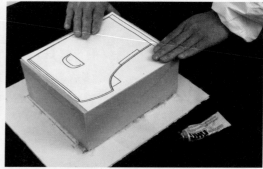

图6.22　　　　　　　　　　　　　　　　图6.23

3. 切削

使用切割或切削工具，沿着轮廓线的外沿去掉多余的部分，如图6.24所示。如果使用切割工具进行切割，可在切割缝隙中注入一些水，以有效减小切割的阻力。

4. 刮削

01 使用锯条带齿的一面进行刮削，刮削过程中随时观察是否逐渐接近轮廓或边缘，如图6.25所示。应采用交叉刮削的方法，这样既能够提高刮削速度，又可以使被刮削面比较平滑。

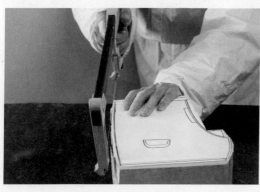 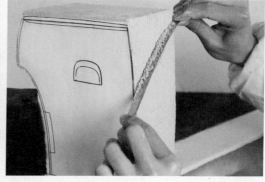

图6.24　　　　　　　　　　　　　　　　图6.25

02 换用平口刮刀或锯条无齿的一面刮平刮削痕迹，如图6.26所示。

03 继续对相邻面进行刮削，方法如前，如图6.27所示。

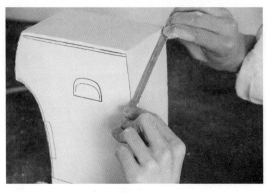

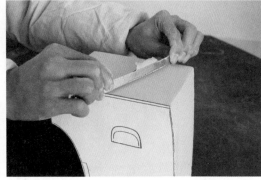

图6.26   图6.27

6.4.2 沿俯视图轮廓线加工

1. 贴图

将俯视图粘贴于被刮削过的表面，注意图纸粘贴得要平整，不要出现褶皱或断裂等情况，如图6.28所示。

2. 切削

01 勾画切割辅助线。沿俯视图轮廓线勾画辅助线，以防止切割轮廓形状时发生位移，如图6.29所示。也可根据实际加工情况将侧视图粘贴，用于辅助加工。

图6.28

02 沿辅助线切割。使用切割工具沿着辅助线切割俯视图边缘轮廓形状，切割时注意不要跑出线外，如图6.30所示。

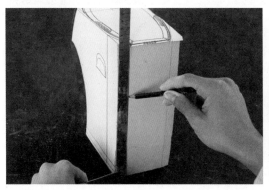

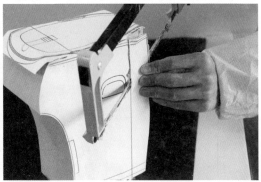

图6.29   图6.30

3. 刮削

01 先刮削被切割的部分，此时也可以将主视图贴图揭下来，沿着俯视图的外轮廓线进行刮削加工，如图6.31和图6.32所示。

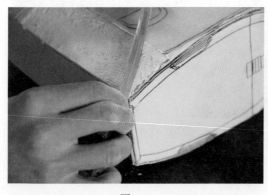 

图6.31   图6.32

02 沿俯视图投影方向轮廓线进行加工，直至与轮廓线重合，如图6.33所示。如果两个投影方向的视图轮廓还不能够完整界定出立体形状，可继续使用侧视图辅助界定形状。

03 换用平口刮刀或锯条无齿的一面刮平刮削痕迹，如图6.34所示。

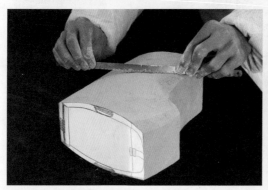 

图6.33   图6.34

04 揭开粘贴的图纸，观察模型的形态是否符合设计要求，如果需要调整，可使用铅笔等画线工具绘制轮廓形状，继续加工至模型达到设计要求，如图6.35和图6.36所示。

 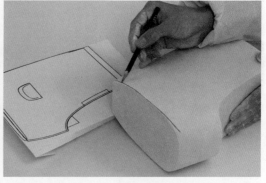

图6.35   图6.36

6.4.3 局部形状加工

1. 贴图

分别粘贴各投影方向视图，通过视图确定局部形态位置，如图6.37～图6.39所示。也可以参照视图，使用画线工具精确画出局部形状轮廓线。

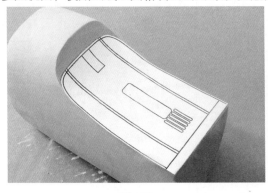
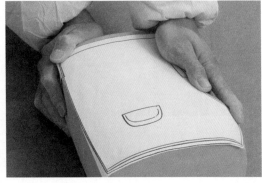

图6.37　　　　　　　　　　　　　　　　图6.38

2. 局部形状雕刻

使用刻刀、镂刀、电动雕刻机等工具，对局部细节形状进行雕刻加工。为便于加工，我们也可以自制一些小工具，如图6.40所示的工具是笔者使用废旧的锯条磨制的雕刻工具，既经济又方便实用。

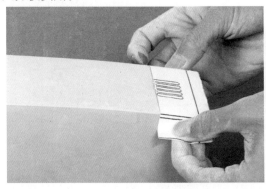
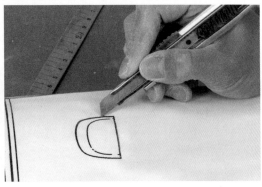

图6.39　　　　　　　　　　　　　　　　图6.40

 使用美工刀，沿轮廓线将雕刻部位的图形镂空，如图6.41和图6.42所示。

图6.41　　　　　　　　　　　　　　　　图6.42

02 轻轻揭开图纸，观察刻画痕迹，如图6.43所示。

03 继续使用锋利的刻刀，沿着刻画痕迹进行深度切割，如图6.44所示。

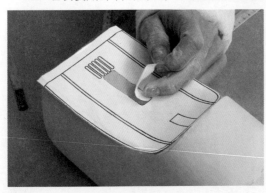

图6.43　　　　　　　　　　　　　　　　　图6.44

04 使用平口的刻刀加工凹槽的底平面，加工时力量均匀地推动刻刀，逐渐加工到一定深度，如图6.45所示。加工过程中，应随时使用度量工具测量轮廓形状尺寸是否符合要求。

05 使用小圆角的刻刀，修饰两个面连接的圆角，如图6.46所示。

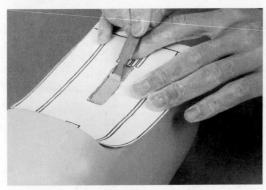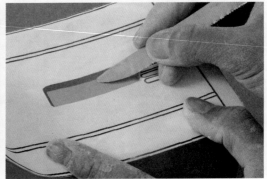

图6.45　　　　　　　　　　　　　　　　　图6.46

06 根据边缘形状选择适合的刀具进行加工，如图6.47所示。由于自制刀具具有灵活性，可根据要加工的局部轮廓形状在刷轮机上磨削出形状适合的刃口。

07 用光滑的刃口将刀痕刮平，如图6.48所示。

08 双手卡住凹陷部位，感受提起桌面饮水机时，手与凹陷部位接触时的舒适程度，如图6.49所示。如果感觉使用不适，则继续调整此部位的形态。

图6.47

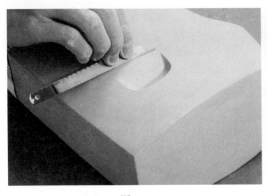

图6.48   图6.49

09 窄小的深槽可用电动雕刻机换用不同的刀头进行形状加工，如图6.50所示。

10 使用尖锐的刻刀将轮廓边缘修整平直，如图6.51所示。

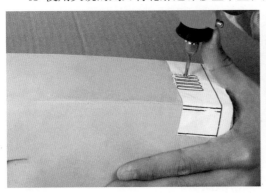

图6.50   图6.51

3. 勾画结构线

01 参考投影视图，在石膏体上使用画线工具画出结构连接位置线，如图6.52所示。

02 由于结构线比较细小，使用勾缝刀进行勾画时一定要小心细致，直至勾画出光滑流畅的结构线，如图6.53~图6.55所示。

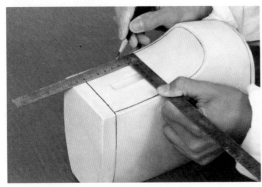

图6.52   图6.53

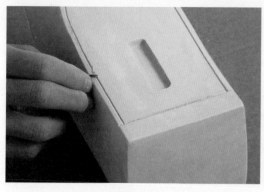

图6.54

图6.55

4. 打磨

精细塑造完成以后，将石膏体放在通风处等待干燥，如果有条件可以使用红外线烤箱加快石膏体的干燥速度。

01 石膏体干燥以后，用细砂纸进行通体精细打磨，用砂纸卷上一块薄板进行打磨，可以使石膏表面更加顺滑，如图6.56所示。

02 面与面直接结合的部位用砂纸轻轻打磨，注意打磨不要过度，如图6.57所示。

图6.56

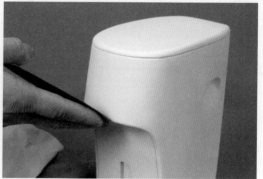

图6.57

03 除去石膏粉尘，以备表面装饰。

至此，石膏模型制作完成。

6.5 本章作业

思考题

简述石膏材料制作模型的方法与操作步骤。

实验题

1. 按照正确的步骤调和石膏溶液，浇注一个正方形石膏体。

2. 使用雕刻的方法，制作一个标准模型。

第 7 章

油泥材料模型制作

主要内容：使用油泥材料进行产品模型制作的方法。

教学目标：熟练掌握油泥材料的特性，以及加工制作工艺。

学习要点：通过油泥材料的加工制作，精细表达设计内容。

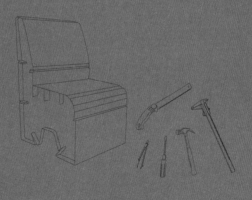

　　油泥材料具有很好的可塑性，便于修改和维护，不易变形或损坏，是制作模型的常用材料，适用于制作概念构思模型、功能实验模型等。

　　本章以电动自行车塑料护罩外观设计为案例，介绍油泥模型的制作方法与步骤。图7.1为电动自行车车架，下面将在车架上使用油泥材料进行塑料护罩的整体形态设计；图7.2为使用油泥材料制作完成的塑料护罩形态。

图7.1

图7.2

7.1　搭建内骨架

　　在进行油泥模型制作时，一般要根据模型的体量大小提前搭建内骨架。搭建内骨架的目的，一是增强油泥模型的强度；二是减轻了油泥模型的重量。内骨架通常采用质量较轻、具有一定硬度和强度的材料，聚氨酯硬质发泡材料是制作内骨架常用的材料，如图7.3所示。

　　在搭建体量比较小的模型内骨架时，可以采用较为轻质的材料，甚至骨架可以制作成实心体；如果模型体量较大，需要使用金属或木材组合搭建内骨架。本案例使用了聚苯乙烯泡沫板搭建内骨架，如图7.4所示。

图7.3

图7.4

1. 确定内骨架尺寸

测量内骨架的尺寸，如图7.5所示。由于内骨架的表面要贴附油泥，所以长、宽、高等基本尺寸要小于既定的模型尺寸。一般情况下，体量小的模型油泥层的贴附厚度控制在2cm，体量大的模型油泥层的贴附厚度应大于5cm。

图7.5

2. 搭建内骨架

01 在大块的聚苯乙烯泡沫材料上切割出具有一定厚度的片材，如图7.6所示。

02 按照测量的尺寸在片材上画出各局部基本形状，如图7.7所示。

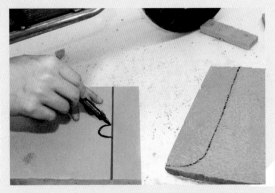

图7.6   图7.7

03 使用刀具或曲线锯等切割工具，按照绘制的线形将材料切割成形，如图7.8所示。

04 用砂纸或锉刀对切割材料的边缘进行打磨，以备组装，如图7.9所示。

图7.8   图7.9

05 将预制好的各局部形状安装到相应位置，如图7.10所示。

图7.10

06 安装后，使用热熔枪进行黏合，增加牢固性，防止板材脱落，如图7.11所示。

图7.11

7.2 贴附油泥

1. 软化油泥

将油泥整条放入工业油泥专用加热器或红外线烘干箱里加热软化，软化温度控制在60℃为宜，如图7.12所示。

2. 贴附

01 从整条油泥上取下一小块油泥，取下时要注意油泥的温度，防止因油泥在加热过程中温度过高而烫伤皮肤，如图7.13所示。

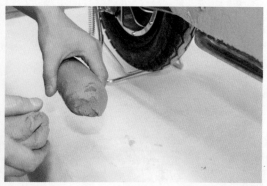

图7.12   图7.13

02 将取下的油泥用双手搓成细长条，快速按压在骨架的表面，如图7.14所示。

03 用手指将油泥条向两侧碾压，碾压时要压紧、压实，使之与骨架表面粘贴牢固，如

图7.15所示。

图7.14

图7.15

04 按次序逐渐将油泥满铺于骨架表面，如图7.16所示。

图7.16

05 油泥的贴附无法一次完成，需要多层贴附才能达到一定厚度。当油泥贴满一层以后，根据厚度要求继续进行下一层的贴附。一般情况下，根据模型体量大小控制油泥层厚度在10mm～50mm为宜，如图7.17所示。

06 快速贴附时油泥表面可能会凹凸不平，应当及时调整油泥层，否则在进行下一次贴附时，由于上一次贴附的油泥已经变硬，凹凸不平的表面会带来很大不便。所以，每一次贴附都要尽量使油泥层表面平整，如图7.18所示。

07 使用拇指推动或食指拉动油泥这两种方法进行贴附，可以获得比较平整的表面。方法是取下一小块柔软的油泥轻轻按压在表面，然后用拇指匀速推动(见图7.18)，或用食指匀速拉动，可以快速铺平油泥层，如图7.19所示。

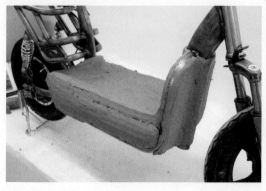

图7.17

图7.18

注意：由于软化的油泥温度相对比较高，加上快速推动或拉动油泥时，手指与油泥相互摩擦会产生更高的热量，操作时要特别注意，可以套上橡胶手指套进行操作以防烫伤。在贴附过程中，如果油泥逐渐变硬，可放回红外线烘干箱里重新加热，软化后再继续使用。

图7.19

7.3 形态塑造

7.3.1 形态的粗略塑造

1. 绘制形状

根据概念构思初期分析与研究的内容，在油泥表面绘制形状。使用绘制工具在油泥表面勾画出各局部形态的大致形状与边缘轮廓线，如图7.20所示。

2. 界定形态尺寸

在绘制过程中，使用游标卡尺、直尺等度量工具随时度量与界定形态的尺寸与位置，如图7.21所示。

图7.20

图7.21

3. 塑造基本形态

01 使用刀具沿边缘轮廓线将多余的泥料切除，切割出基本形态，如图7.22所示。

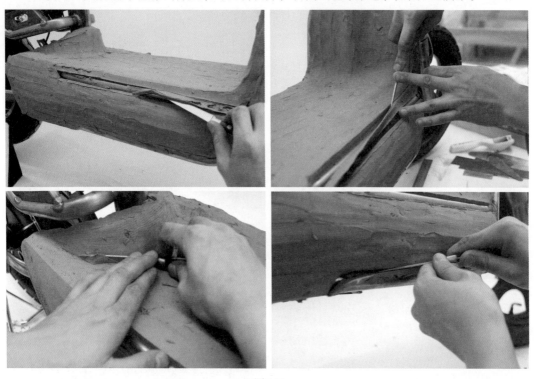

图7.22

02 使用平面刨刀进行初始形状塑造，对粗糙不平的油泥表面进行通体刨削。使用刨刀进行粗加工，可以快速获取比较顺滑的表面，如图7.23所示。遇有内凹面形状时，可换用弧面刨刀进行刨削加工。

图7.23

03 使用有锯齿刃口的刮刀继续进行深加工，如图7.24所示。使用刮刀进行刮削时，要采用正确的操作方法，即下一刀与上一刀的刮削方向呈交叉形状，这种方法更容易获得平整、顺滑的表面。初学者在刮削时可双手把持刮刀进行刮削，如图7.25所示。

 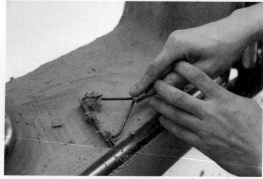

图7.24　　　　　　　　　　　　　　　　　图7.25

04 根据加工的形状和位置不同，可换用有锯齿形刃口的刮刀、刮片通体粗刮油泥表面，继续对各局部形态进行深入塑造，如图7.26所示。

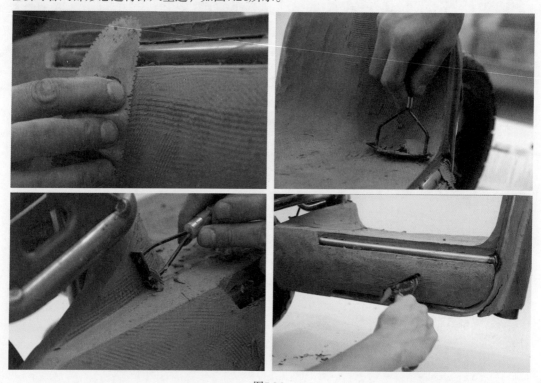

图7.26

05 在刮削过程中，如果在被刮削面上发现有局部凹陷的情况，应及时用软化的油泥填补凹陷部位，如图7.27所示。填补后，继续用刮刀将该部位刮平，实现表面的平整。

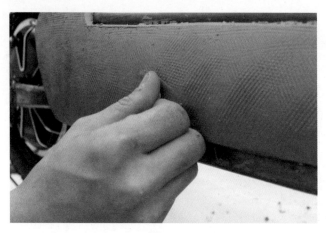

图7.27

7.3.2　形态的精细塑造

1. 平面形态的塑造

在形态设计中，面的变化会影响到整体形态的确立，因此在面的塑造过程中，要认真推敲各个面的形态，仔细考虑面与面之间的变化关系，逐渐加工成形。

在加工平面时，使用平口的刮刀或金属刮板等刮削工具进行加工。为了保障被加工面的平整度，加工过程中应随时使用有直边的尺子等平直的工具测试面的平整程度，方法是将尺子垂直放置于油泥表面，仔细观察尺子与平面之间是否存在缝隙，如果尺子放置的每个方向与油泥表面之间都不存在缝隙，证明此面已经刮削平整，如图7.28所示。

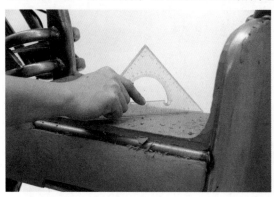

图7.28

2. 曲面形态的塑造

当进行曲面的形态塑造时，通常需要借助自制的截面轮廓模板来界定形状，以此获得准确的曲面形态。

01 制作截面轮廓模板要使用具有一定厚度且平整、质硬的薄板材料，如硬卡纸、塑料板等。先在薄板材上画出与工作台面坐标线尺寸相同的坐标格，并标记坐标位置，如图7.29所示。

图7.29

02 根据设计构思精确绘制各局部形态轮廓线，如图7.30所示。在 X、Y、Z 三个正投影方向上，根据形态界定的需要制作多块截面轮廓模板，如果在不同的坐标位置绘制的截面轮廓越多，那么曲面形状的界定也更加准确。

图7.30

03 使用刀具或切割工具沿绘制的线形进行切割，如图7.31所示。切割后，使用锉刀对切割痕迹进行锉削，再换用细砂纸打磨截面轮廓模板的边缘，使边缘更加光滑、平顺。

图7.31

04 模板制作完成后要编号并保存，以备使用，如图7.32所示。使用后要妥善保存，作为以后产品制图的参考。

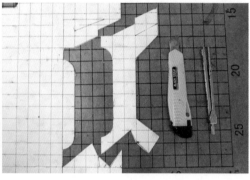

图7.32

05 先使用平口的刮刀将粗刮时的刀痕刮削掉。根据面的造型变化，选用不同型号的直面、弧面刃口的刮刀或金属刮板进行加工操作，如图7.33所示。

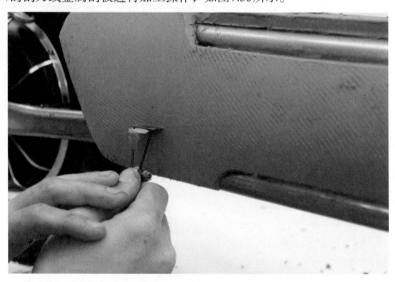

图7.33

06 在曲面的精细刮削过程中，要随时使用自制的截面轮廓模板界定曲面的形状变化，随时观察模板轮廓与油泥表面的重合状况，如图7.34所示。如遇到凸起的部分，要逐渐刮削；如模板边缘与油泥表面出现空隙，需要使用软化的油泥在周围进行贴补，之后继续进行刮削，直至模板的轮廓与被刮削面重合。

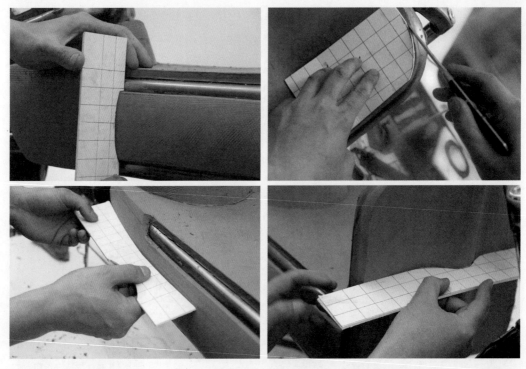

图7.34

注意：模板在使用过程中，可以根据设计的修改及时调整模板边缘曲线形状，便于重新界定曲面形状。

07 如果被刮削面比较宽大，为了使刮削的表面光滑、顺畅，可以换用金属刮板进行刮削，如图7.35所示。使用金属刮板刮削油泥表面，刮板与油泥表面要形成一个夹角，刮削时手指轻弯刮片，形成与被刮削面相同的弧度，刮削的动作要流畅，用力要舒缓、均匀。

图7.35

3. 边缘形态的塑造

在加工面的边缘时，通常使用构思胶带来界定面的边缘形态。构思胶带具有两个作用：一是通过胶带界定加工轮廓；二是胶带可以作为加工界线。

01 换用一种颜色比较醒目的胶带粘贴一条中心线，以此线作为整体形态的加工基准线或进行对称形状加工的镜像线备用，如图7.36所示。

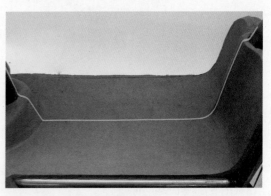

图7.36

02 选择一个面作为基准面进行加工，在基准面上先确定一条基准线，使用画线工具在确定的基准线位置勾画出线形，如图7.37所示。

03 沿勾画出的线形粘贴一条构思胶带，作为该面边缘的加工基准线，如图7.38所示。

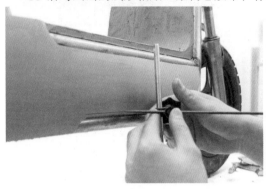

图7.37　　　　　　　　　　　　　　　　图7.38

04 以该线形为基准，按形态设计构思细节要求，用构思胶带继续确定该面其他部位的边缘形状。过程中使用度量工具界定构思胶带粘贴的位置和尺寸，如图7.39所示。边缘形状确定以后，如果感觉某局部的轮廓线形不理想，可以重新揭开胶带调整轮廓线。

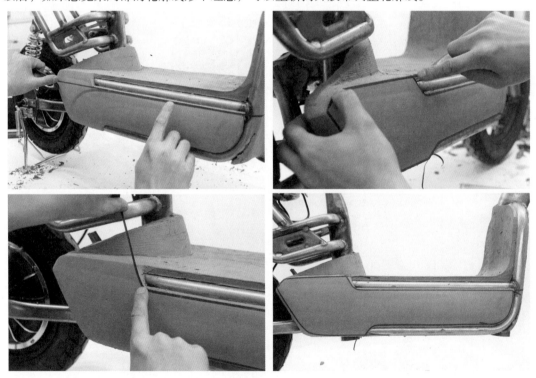

图7.39

05 当边缘形状达到设计要求以后，使用镂空刀具或较小的平口刮刀进行精细加工塑造。刮削时匀速轻刮，吃刀量不可太深，刮削量要小，逐渐刮削到构思胶带的边缘，如图7.40所示。

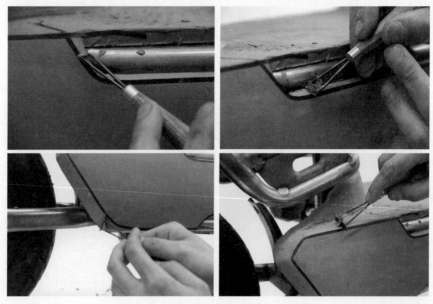

图7.40

注意：刮削时刮刀应该沿着胶带向内侧进行刮削，如果向胶带的外侧刮削则容易使胶带脱落。

06 基准面的边缘形状加工完成，继续对相邻面的边缘进行塑造。以基准面的边缘为参照，使用构思胶带按设计要求将相邻面的边缘形状粘贴成形，如图7.41所示。

07 继续精细刮削相邻面的转折界线，直至达到设计要求，如图7.42所示。

图7.41

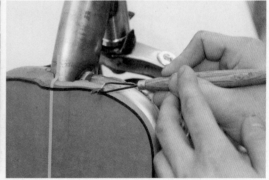

图7.42

08 面的边缘形态塑造完成以后，还要对边缘的转折角进行塑造。大小不同、形状不一的角会对整体形态产生重要的影响，角的细节处理能够使转折面之间产生不同的衔接效果。使用构思胶带将转折角的位置进行界定，使用刮刀逐渐刮削成形，如图7.43所示。如加工圆弧角，可提前制作好圆弧角的模板，进行刮削加工。

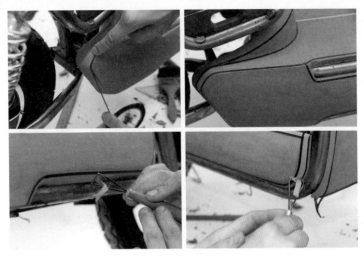

图7.43

4. 凹陷形态的塑造

01 使用提前制作好的模板画出轮廓形状，如图7.44所示。

02 也可使用构思胶带粘贴出预想的形状，或随时调整构思的形状，如图7.45所示。

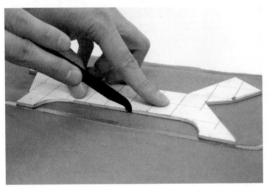

图7.44

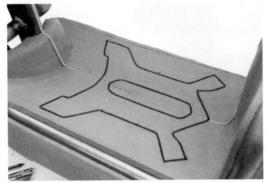

图7.45

03 使用镂空刀具沿着模板或构思胶带的边缘进行镂切操作，加工时用力要轻缓，镂切量要小，经过多次操作逐渐镂切出凹陷形状，如图7.46所示。

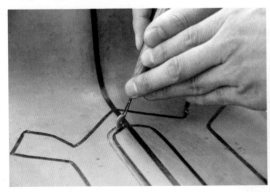

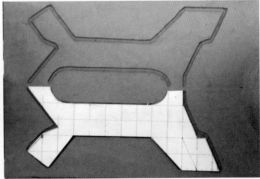

图7.46

5. 油泥表面压光

全部形态塑造完成以后，还需对油泥表面进行压光处理，目的是去除刀具造成的细小刮痕，使油泥表面光滑。

01 在进行压光处理之前，先揭下油泥模型表面的构思胶带。

02 选用薄而有弹性的金属刮板，对油泥模型表面进行通体压光处理，如图7.47所示。刮板的刃口要光滑、顺畅，刮削时握稳金属刮板，角度控制在20°~30°，操作时轻落、轻提刮片，拉动刮片的过程中不要停顿。

03 在对大弧面进行压光处理时，可以将薄而有弹性的金属刮板弯曲，使刃口与油泥表面贴合后再进行刮削，如图7.48所示。

图7.47

图7.48

04 油泥表面完成压光后，用羊毛板刷细心清扫表面的细小颗粒，为油泥模型表面的处理做好准备，如图7.49所示。

至此，完成油泥模型的制作，制作过程中既可以对设计构思内容进行表达，也对产品的形态、结构等进行研究与分析。

6. 贴点扫描建立数字模型

为了获得数字模型，我们可以通过扫描设备将制作的油泥模型转换为数据，为以后进入生产等环节提供数字模型储备，如图7.50所示。

在油泥表面粘贴扫描点，通过激光扫描仪等扫描设备对模型进行扫描，记录数据，完成数字模型的制作。

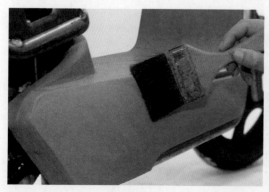

图7.49

图7.50

7.4 本章作业

思考题

简述油泥模型的加工方法与操作步骤。

实验题

使用油泥材料制作一个标准原型，认真体验油泥模型的制作方法。

第**8**章

塑料材料模型制作

主要内容：使用塑料材料进行产品模型制作的方法。

教学目标：熟练掌握塑料材料的特性，以及加工制作工艺。

学习要点：通过塑料材料的加工制作，精细表达设计内容。

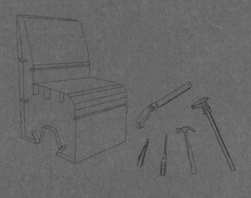

Product Design

塑料材料易于加工、不易变形和破损，是制作模型的常用材料，适用于制作交流展示模型、功能实验模型等。本章主要介绍采用手工操作方式对热塑料材料加工的方法。

8.1 热塑性塑料的冷加工

冷加工是指在常温下对塑料材料进行加工，以形成所需的形状。冷加工过程中，塑料不涉及加热处理，这有助于材料保持强度和硬度，减少塑性变形产生内部应力和变形热，从而提高材料的物理与机械性能。

8.1.1 塑料板材的冷加工

1. 画线

按照设计图纸的尺寸，用金属画针、画规等画线工具，借助直尺、曲线板、角度尺等绘图与度量工具，在塑料板材上精确画出零部件的轮廓形状，如图8.1所示。

用画针画出的线形痕迹不易看清楚，可以使用铅笔沿着痕迹再描画一遍，使轮廓线形清晰，便于加工。

2. 下料

1) 沿直线边缘下料

01 将钢板直尺的边缘与所画直线重合，留出精细加工的余量，按住钢板尺不能移动，使用勾刀紧贴在直尺的一侧，拖动勾刀沿直线全长从头至尾轻缓地连续勾画几次，如图8.2所示。

图8.1   图8.2

02 勾画到一定深度后移开直尺，按住勾刀的前部继续反复从头至尾用力连续勾画，当划痕深度超过板材厚度的一半时，用双手分别捏住划痕线的两侧逐渐掰开塑料板材，如图8.3所示。也可以使用手工锯、曲线锯等切割工具沿直线边缘进行锯割。

2) 沿曲线边缘下料

使用电动曲线锯切割曲线形状，注意切割时沿线形外侧留出一定加工余量，如图8.4所示。切割时双手扶稳板材匀速推进，推进速度不能过快，否则可能会使锯条与塑料产生高热，导致切割后的部分出现黏连。

图8.3

图8.4

3) 沿内边缘下料

01 使用钻床或手持电钻在内轮廓线边缘的拐角处打一个小通孔，如图8.5所示。

02 将锯条套入孔中，安装好锯条后，沿内部轮廓线进行切割，注意要在外边缘留出一定加工余量，如图8.6所示。

图8.5

图8.6

3. 修边

下料后产生粗坯零件，粗坯零件的边缘比较粗糙且没有达到图纸尺寸要求，需要进行精细加工。使用金属板锉、什锦组锉、修边机等工具可对粗坯零件的内、外轮廓边缘进行倒角、倒圆、修平等加工处理，如图8.7和图8.8所示。

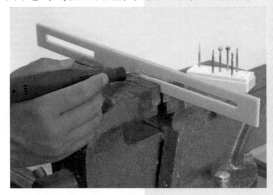
图8.7

图8.8

8.1.2 塑料管材和棒材的冷加工

1. 画线

01 根据图纸要求，在选用的管材或棒材上画出加工形状、界线。

02 将管材、棒材水平或垂直靠在画线方箱的V形槽中，一只手把持住材料，另一只手使用高度规沿周圈画线确定高度位置界线，如图8.9所示。

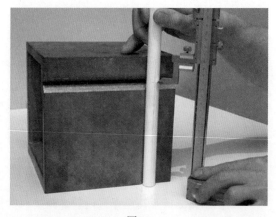

图8.9

2. 下料

将材料夹持在台钳上，为了防止钳口夹伤材料表面，可以在钳口与材料之间垫上薄木片等。按画出的加工界线使用手工锯截断管材或棒材，注意在线的外侧锯割下料，留出精细加工余量，如图8.10所示。

如果需将塑料管材、棒材加工成回转体形状，可以使用车床沿轴向、径向两个方向切削加工出所需的回转体形状，如图8.11所示。在加工过程中，要时常使用游标卡尺、轮廓磨板等度量工具准确测量各加工部位的尺寸。

图8.10

图8.11

8.1.3 塑料材料的打孔、铣槽及抛光

1. 打孔、铣槽

在塑料材料上打孔或开槽时，先将零件夹紧固定在台钳上，在钻铣床卡头上安装不同直径的钻头或铣刀，实施钻孔、铣槽等加工操作，如图8.12所示。打孔或铣槽的过程中，注意经常用毛刷蘸水冷却加工部位并及时清除废屑。需要注意的是，要打通的孔在即将打透时进刀量要减小，防止将板材打裂。

2. 抛光

塑料表面经过加工后会失去原有的光滑，通过抛光处理可以重新获得光滑的表面。

01 使用高标号的水砂纸，蘸水打磨塑料表面被加工部位，如图8.13所示。

图8.12   图8.13

02 在旋转的布轮上打上一点抛光皂，如图8.14所示。

03 将零件与旋转的布轮接触，进行抛光操作，如图8.15所示。抛光时双手把持工件，不要太用力与布轮接触，避免工件与布轮摩擦产生高热损坏塑料表面。

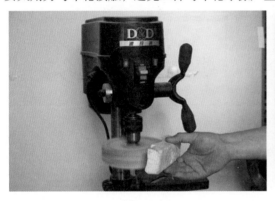 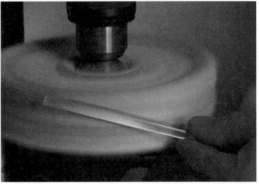

图8.14   图8.15

8.2 热塑性塑料的热加工

热加工是指借助热源对塑料材料进行加工的过程，利用热塑性塑料遇热变软的物理特性形成复杂的形态。手工模型制作中，多采用热加工方式制作结构多样的零件。

8.2.1 塑料板材的热折弯加工

01 制作折弯模。用细木工板或中密度板等材料按照弯折角度制作折弯模，折弯模展开的长宽尺寸要大于零件的长宽尺寸，如图8.16所示。

02 加热折弯部位。按图纸尺寸下料以后，在板材的弯折部位画出折线标记，将折线标记对齐、对正折弯模的折弯部位，在板料上垫一块薄木板，使用夹紧器夹于折弯模上。用热风枪在折弯部位来回移动均匀加热，如图8.17所示。

图8.16

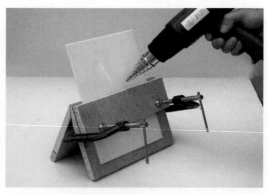

图8.17

03 压型。板材受热变软后，用平直的木板压紧、压实塑料板材于折弯模上，如图8.18所示。

04 待冷却定型后，取下折弯工件，如图8.19所示。

图8.18

图8.19

8.2.2 塑料板材的多向曲面热压加工

曲面形态的加工过程比较复杂，需要借助事先做好的模具进行加工。如果采用手工制作方式，需制作压型模具，通过模具将加热软化的塑料板材压制成曲面形态；有加工条件的可用吸塑设备进行加工。

1. 制作压型模具

01 用黏土或油泥等材料制作出标准的曲面形态，如图8.20所示。

02 使用石膏材料制作压型模具，在塑造完成的原型边缘搭建型腔，型腔板距原型的边缘在50mm以上，如图8.21所示。

图8.20

图8.21

03 可在原型表面和型腔板上薄薄地涂抹一层脱模剂，便于石膏与原型脱离，如图8.22所示。

04 将调制好的石膏溶液注入型腔中，等到石膏溶液凝固后打开型腔，如图8.23所示。将石膏边缘的锐边刮削掉，并找平石膏表面。

图8.22

图8.23

05 轻轻将石膏与原型分离，此时石膏压型阴模制作完成，如图8.24所示。

06 继续制作压型阳模。因为塑料板材是由阴、阳模具压制而成的，所以在阴、阳模具之间要预留间隙，间隙量的大小由被压塑料板材的厚度决定。可以使用油泥等材料提前预制间隙层，用塑料薄膜包裹加热软化的油泥，将用力擀压，如图8.25所示。

图8.24

图8.25

07 当圆棒与塑料板接触时证明泥片达到厚度要求，擀压成薄厚均匀的泥片，如图8.26所示。

08 将泥片放置在模具上，用手轻轻按压泥片逐渐将石膏阴模内表面铺满，如图8.27所示。如果油泥变硬，可使用热风机加热，保持材料软化便于贴附。

图8.26

图8.27

09 遇有窄小的部位可借助工具慢慢进行贴合，贴合过程中如泥片出现褶皱的地方，可用刀片将泥片切开，并将多余的泥片割掉，如图8.28所示。泥片要贴满阴模的内表面，且各部位的泥片厚度要一致。

10 使用美工刀沿石膏模具的边缘将油泥层多余的部分切割整齐，继续沿石膏阴模外侧搭建型腔，如图8.29所示。

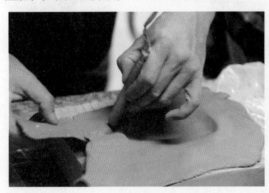

图8.28

图8.29

11 在搭建好的型腔内注入石膏溶液，等待石膏凝固后，打开型腔取下石膏阳模，揭开油泥间隙层，如图8.30所示。

12 在阴模的最低点、阳模的最高点位置打通孔，用于压制过程中排放塑料板与模具之间的空气，如图8.31所示。

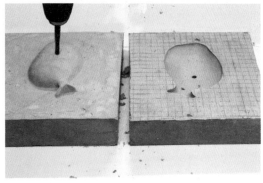

图8.30 图8.31

2. 软化塑料

根据曲面形态估算展开面积并下料，下料时一定要留出足够的余量，防止塑性变形导致余量不足。将塑料板材放入红外线烘干箱加热至模塑温度，薄板材的模塑温度控制在100℃～120℃，厚板材的模塑温度控制在120℃～140℃。为了防止烫伤，制作者应佩戴手套，用夹钳取出软化的塑料板材。

3. 热压成形

在红外线干燥箱中将塑料加热软化至模塑温度后取出，迅速放置在石膏阴模上面，将阳模放在塑料板上，向下施加足够的压力，使塑料板塑变成形，如图8.32所示。等待塑料板降低到常温后，将压制好的板材从模具中取出。

4. 切割边缘

使用曲线锯沿塑料板边缘将多余的部分切割下来，用砂带机、修边机、金属板锉、什锦组锉等工具修整曲面边缘，使板材形状达到设计要求，如图8.33所示。

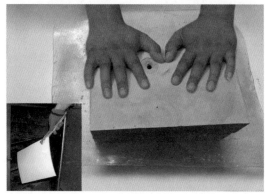

图8.32 图8.33

123

8.2.3 棒材、管材的热弯曲加工

1. 制作模板

01 选用细木工板或中密度板制作胎具，板的厚度应该大于被加工管材或棒材的直径。按照设计的形状在板上画出弯曲的轮廓线，如图8.34所示。

02 用曲线锯沿轮廓线进行切割，如图8.35所示。

 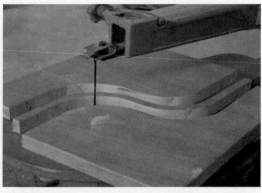

图8.34   图8.35

03 使用木锉锉削切割痕迹，使模板边缘光滑、顺畅，如图8.36所示。

04 用螺钉将其中一块模板固定在工作台面上，如图8.37所示。

 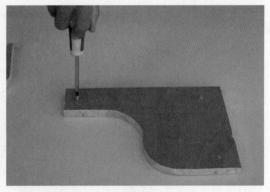

图8.36   图8.37

2. 下料

在计算弯曲零件的实际展开长度后下料，下料的长度要大于曲线的展开长度。如果是将管材加工成曲线形状，由于其内部中空，在弯曲过程中容易出现径向变形，为了防止这种情况发生，加工前使用经过烘焙的细砂填充于管内，填满、填实后用圆形木楔堵严两个端口，如图8.38所示。

3. 加热

用热风枪均匀加热管材或棒材，如图8.39所示。也可以将材料放入红外线烘干箱加热，薄壁管材的加热温度控制在100℃～120℃，棒材的加热温度控制在120℃～140℃。

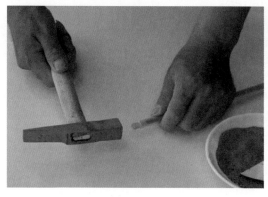

图8.38

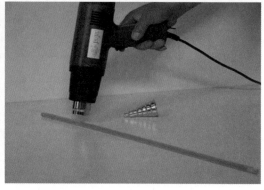

图8.39

4. 压形

01 将受热软化的管料或棒料放置在固定模板与活动模板之间，推挤活动模板，使管材与两块模板紧靠、贴实，如图8.40所示。

02 用毛巾蘸取冷水，冷却工件表面，如图8.41所示。当工件表面降至常温定形后方可拿开模具。

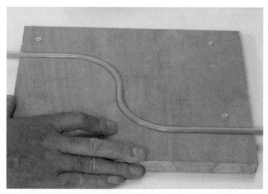

图8.40

图8.41

03 根据图纸要求，将材料多余的长度切割掉，将管中的细砂倒出，用清水冲洗干净、晾干，使用金属板锉修整管料或棒料的端面。

8.3 塑料模型制作案例

本节以便当盒设计为例，简述塑料模型的制作方法与步骤。便当盒模型，如图8.42所示。

1. 画线

按照设计图纸尺寸，用金属画针、画规等画线工具，借助直尺、曲线板、角度尺等

图8.42

绘图与度量工具,在塑料板材上精确画出零部件的轮廓形状。

2. 下料

使用勾刀、曲线锯等切割工具按照边缘线形下料。

3. 修边

下料后产生粗坯零件,使用金属板锉、什锦组锉、修边机等工具,对粗坯零件的内外轮廓边缘进行倒角、倒圆、修平等加工处理,使零件形状逐渐达到要求。

4. 制作热弯模具

在便当盒的设计中,盒体的四周为圆角,为准确表现圆角形状,需要制作模具。

01 使用石膏制作热弯模具。搭建型腔,浇注一块石膏体,如图8.43所示。

02 晾干或烘干石膏体,用锯条将石膏凹凸不平的表面刮削平整,如图8.44所示。

图8.43   图8.44

03 按设计尺寸要求,在石膏体上画出热弯模具轮廓线,如图8.45所示。

图8.45

04 使用刮削工具沿轮廓线进行加工,如图8.46所示。精确制作出各圆角形状,如图8.47所示。

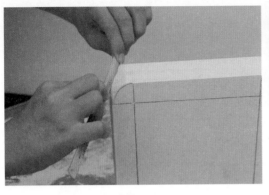

图8.46

图8.47

5. 热弯成形

01 使用热风枪将塑料板材软化，迅速放置在石膏模具上，对热弯部位进行加热处理，注意要均匀加热，当达到软化温度时使用两块木板靠紧两侧，如图8.48所示。

02 使用蘸水的毛巾对加热部位进行冷却处理，使之固定成形。

03 使用同样的方法，继续进行另外几个圆角的热弯处理，等待热弯部位全部冷却到常温后，方可将热弯成形的零件从模具中取出。

其他零件的制作方法相近，不再逐一叙述。

图8.48

6. 连接成形

使用夹紧器将相互连接的零件固定，使用注射器吸入适量塑料黏合有机溶剂，针头沿黏合部位轻轻注入适量溶剂，等待相互黏合牢固，如图8.49所示。

至此，完成塑料便当盒模型的制作。

图8.49

8.4　本章作业

思考题

叙述塑料模型的加工方法与操作步骤。

实验题

使用塑料板材制作一个曲面形状。

第9章

木质材料模型制作

主要内容：使用木质材料进行产品模型制作的方法。

教学目标：熟练掌握木质材料的特性，以及加工制作工艺。

学习要点：通过木质材料的加工制作，精细表达设计内容。

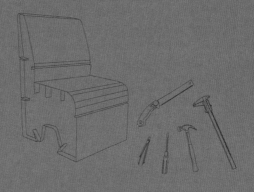

Product Design

木质材料易于加工，具有一定的强度和稳定性，是常用的模型材料，适用于制作功能实验模型、交流展示模型、手板样机模型等。使用木质材料进行模型制作的难度较高，涉及的制作工艺、加工设备等也比较复杂。

本章以制作婴儿摇床模型为案例，介绍使用木质材料进行模型制作的方法与步骤。婴儿摇床模型，如图9.1所示。

图9.1

9.1 零件加工制作

使用木质材料进行设计表达时，设计方案应该比较成熟。一般情况下，木模型采用先制作单独的零件，再组装成形的方法完成。零件类型一般分为薄厚不一的板状零件和具有一定截面形状的条形零件。

9.1.1 板状零件加工与制作

根据板状零件的厚度要求，可直接选用半成品板材进行制作，本案例使用的是指接板。

1. 刨削

观察板材的平整度，如果板面有翘曲现象，可使用刨削工具找平材料表面。

01 使用短平刨将被加工面的凸起部位大致刨平，换用长平刨按次序刨削整个平面。刨削时双手的食指与拇指压住刨床，其余三个手指握住刨柄，推刨时刨子要端平，两只胳臂必须强劲有力，不管木材多硬，应一刨推到底，如图9.2所示。

图9.2

02 在平面刨削过程中，随时用钢板尺沿横、纵两个方向检查面的平整度，如果钢板尺与被刨削的平面之间无缝隙，就证明板材已经刨平。

2. 打磨

使用电动打磨机打磨木材表面，去掉刨痕。开始打磨时，将目数比较低的砂纸卡在电动打磨机的底部，启动开关，推动打磨机对板材通体进行打磨，继续换用目数比较高的砂纸进行打磨，以获得光滑的材料表面，如图9.3所示。

图9.3

3. 画线

制作零件前，需要绘制图纸并认真审核，确认无误。参照图纸尺寸，使用绘图工具在板材上绘制各零件的加工形状，作为下料的边界线，如图9.4所示。

图9.4

4. 下料

1) 沿外轮廓下料

使用手提式电动曲线锯，沿外轮廓线进行切割，要留出一定的加工余量，以备进行精细加工，如图9.5所示。切割时启动开关，匀速向前推动，用力不要过大，防止锯条折断。

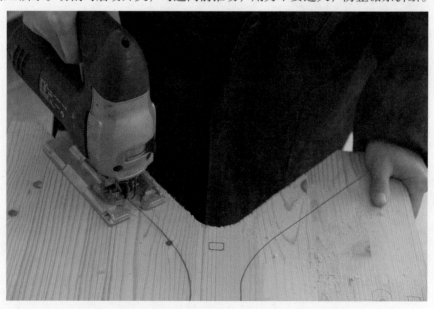

图9.5

2) 沿内轮廓下料

01 使用电钻在轮廓内边缘打一个通孔，孔的直径要大于锯条的宽度，如图9.6所示。

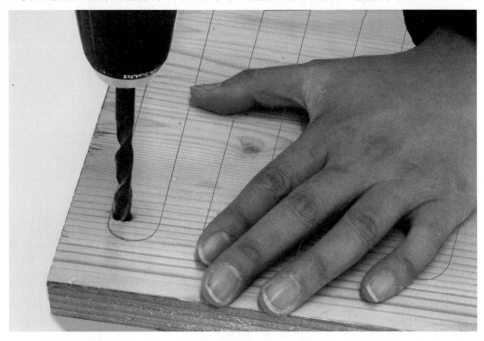

图9.6

　　02 将曲线锯条插入孔中，启动电动曲线锯，沿轮廓内边缘进行锯割，留出一定的精细加工余量，如图9.7所示。

图9.7

5. 精细加工

01 使用台钳等夹持工具将锯割成形的零件夹紧，将薄木板等材料放置在钳口与零件之间一同夹紧，防止损伤木材表面。

02 锯割后的部位会出现锯痕，选用木工锉刀将锯痕锉削平整，如图9.8所示。

图9.8

03 锉削过程中随时观察是否加工至轮廓线边缘，如图9.9所示。同时，使用度量工具检测是否加工至图纸要求尺寸。

图9.9

04 使用砂纸对锉削部位进行打磨，开始时使用目数比较低的粗砂纸进行打磨，然后换用目数比较高的细砂纸继续打磨，直至将锉削部位打磨光滑，如图9.10所示。

图9.10

9.1.2　条形零件加工与制作

1. 下料

参看图纸，使用电动带锯按照条形零件的长、宽、高尺寸下料，注意留出一定的加工余量，如图9.11所示。

图9.11

2.刨削

1) 刨削平面

01 加工基准平面。在锯割的板材上选择一个面，使用平刨对该面进行刨削操作，将该面刨削平整，并加工至轮廓线，如图9.12所示。

图9.12

02 加工相邻面。以刚加工的面作为基准，对相邻面进行加工。在刨削过程中，随时检查板材表面是否平直，查看过程中要多找几个观测点进行测量，确保两个相邻面相互垂直。

03 如果需要刨削其余两个面，可使用勒线器勒出一条与刨削面平行的线形，使用方法是将勒线器紧贴于已经加工好的面上，分别勒画出直线痕迹，随后按照勒出的线形进行加工。

2) 刨削弧面

01 在板材的端面上画出条形零件的截面轮廓形状，如图9.13所示。

图9.13

02 夹紧材料后，使用平刨尽量将多余的部分刨削掉，如图9.14所示。

图9.14

03 换用木锉刀，沿轮廓线进行锉削加工，逐渐将板材锉削出弧面形状。

3. 磨削

使用刨削、锉削等方法将板材上多余的部分去掉，借助砂带机按照弧线形状进行精心磨削操作，如图9.15所示。

图9.15

9.2 零件的连接

木制零件结合的方式有很多种，如榫结合、钉结合、预埋件结合、胶黏结合等。在木制模型的制作过程中，应该根据实际情况选择合适的连接方式。本节结合婴儿摇床模型的结构和零件设计，主要介绍榫卯结合与预埋件结合两种连接方式。

将制作完成的零件按连接次序摆放，并标注序号，以免连接时出现错误，如图9.16所示。

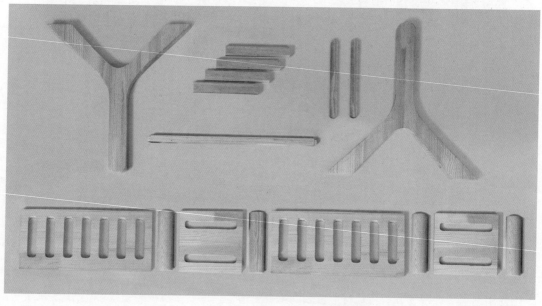

图9.16

9.2.1 榫卯结合连接

中国传统的木制工艺堪称登峰造极，尤其是经典、巧妙的榫卯结构更是令人叹为观止，先人为我们积累了丰富的经验并沿用至今。

榫卯结构常被用于中国古建筑和家具制作中，其特点为不使用钉子或其他连接材料，而是利用木材自身的凹凸形状相互咬合，实现结构的牢固和稳定。榫卯结构体现出中国古人的勤劳与智慧，是一份必须传承的宝贵文化遗产。

下面以婴儿摇床木模型中所涉及的榫卯结构为例，介绍榫卯结构最基本的连接方式。

榫由榫头和榫眼两部分组成，各部分名称如图9.17所示。

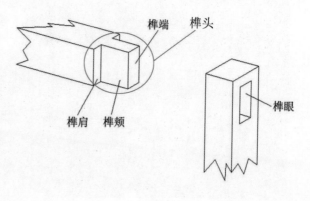

图9.17

1. 制作榫头

01 在已经制作好的条形零件上，按图纸要求画出榫头的形状与位置，如图9.18所示。

图9.18

02 使用锯割工具，沿绘制的线形进行锯割，制作出榫头形状，如图9.19～图9.22所示。

图9.19

图9.20

图9.21

图9.22

2. 制作榫眼

1) 画线

在已经制作好的板状零件上，按图纸要求画出榫眼(槽)的形状与位置，如图9.23和图9.24所示。

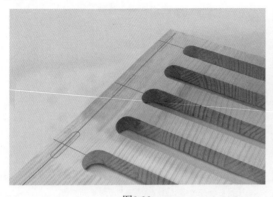

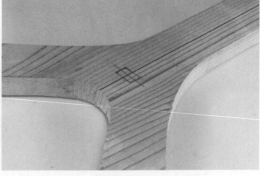

图9.23   图9.24

2) 开孔

01 可使用不同种类的开孔工具加工榫眼。使用电动铣槽机铣出榫眼，如图9.25所示；使用木工凿制作榫眼，如图9.26所示。榫眼的长宽尺寸要稍小于榫头的长宽尺寸，目的是将互为连接的零件进行过盈配合，使两个零件连接得更为紧密。

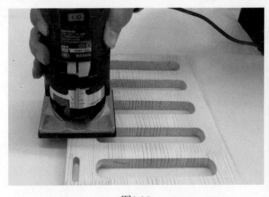

图9.25   图9.26

02 使用夹紧器将零件固定，根据榫眼的宽度选择相应宽度的平凿进行加工。

03 加工时一只手握持凿柄，将凿子的刃口对齐榫眼一端的界线，另一只手握住锤子打击凿柄的顶部，击打时要将平凿垂直于木板表面，锤子要打准打实。

04 将平凿打进一定深度后，前后晃动拔出平凿，适量向前移动平凿，此时将凿柄适度倾斜并继续击打，剔除该位置的木屑，继续前移并击打平凿，逐渐剔出一定深度的槽。当平凿接近另一端，转动平凿，使刃口的直面对准槽的另一端的界线并垂直击打，以获取垂直立面。

05 榫眼的深度加工不是一次就能达到要求的，要通过逐层剔除才能将榫眼打到所需深度。

3) 暗榫结合

01 榫在结合之前，在榫头、榫眼部位分别涂抹少许白乳胶，按照零件的安装位置将榫头用力插入榫眼内，如图9.27和图9.28所示。

图9.27　　　　　　　　　　　　　　　　　　图9.28

02 由于榫头与榫眼之间是过盈配合，需要击打才能使榫头进入榫眼。为防止砸坏榫头，击打时需要在榫头的上面垫上一块木板，然后用木锤逐渐敲击木板，使榫头与榫眼达到紧密配合的状态，如图9.29所示。

图9.29

9.2.2　预埋件连接

使用预埋件连接零件是一种简单、方便的形式，在木模型制作中经常使用此方法进行零件间的连接。

1. 打预埋孔

01 按照图纸要求，使用打孔工具在板材上要安装预埋件的位置打预埋孔，预埋孔的直径要小于预埋件的直径，使预埋件和预埋孔形成过盈配合，如图9.30所示。

02 在预埋件的上面垫上一块木板，使用手锤击打木板，将预埋件嵌入预埋孔内，如图9.31所示。

图9.30   图9.31

2. 打连接孔

按照图纸要求，对应预埋件位置，使用打孔工具在要连接的零件上打连接孔，连接孔的直径要略大于连接件(螺钉)的直径，如图9.32所示。

3. 预埋件结合

01 连接相邻的零件。将螺钉穿入连接孔，使用内六方扳手将螺钉与另一个零件上的预埋件拧紧。螺钉和预埋件螺纹连接能够牢固地将两块板材结合在一起，如图9.33所示。

图9.32

02 按次序继续将相邻零件连接。注意调整、对齐各零件的位置后将螺钉拧紧，如图9.34所示。

图9.33   图9.34

9.2.3 组装零件

将固定配合的零件组装完成以后，继续组装活动连接配合的零件，如图9.35和图9.36所示。调试活动配合零件之间的连接，使之活动自如，完成木质材料的模型制作。

图9.35

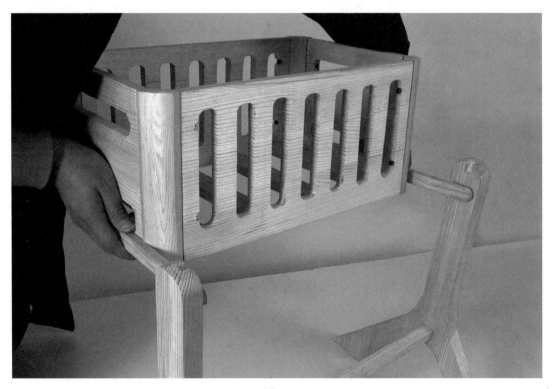

图9.36

9.3 本章作业

思考题

叙述木质模型的加工方法与操作步骤。

实验题

1. 使用工具进行锯割、刨削、锉削等基本操作训练。
2. 使用刨削的方法将两个面加工成相互垂直的角度。
3. 制作一个暗榫结构。

第 10 章

快速成型技术与产品模型制作

主要内容： 快速成型技术在产品模型制作中的
应用。

教学目标： 了解快速成型技术的原理、工艺和成形
方法。

学习要点： 学习与使用数字化建模软件。

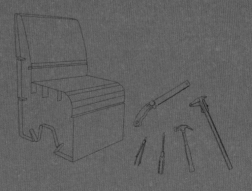

Product Design

10.1　快速成型技术概述

快速成型技术(rapid prototyping technology，RPT)是20世纪80年代末出现的涉及多学科的、新型综合性的先进制造技术，是在CAD/CAM (计算机辅助设计/计算机辅助制造)技术、激光技术、多媒体技术、计算机数控加工技术、精密伺服驱动技术，以及新材料技术的基础上集成发展起来的高新技术，也是当今世界上发展最快的制造技术，其应用领域非常广泛。

将快速成型技术应用于产品设计的开发过程中，能够展现出许多显著的特点：可以快速地将设计构思物化为具有一定结构和功能的实体模型，为快速综合验证、评价、展示设计内容提供了实物分析依据；可以有效降低产品研发成本、缩短产品研发周期，提高了企业在市场上的竞争力和快速响应能力；提高了模型制作效率、简化了手工模型制作中的环节。

一般情况下，在设计方案已经基本确定的情况下，使用快速成型技术制作产品模型是较为理想的选择。

10.2　快速成型技术及原理

快速成型技术在制造思路上均为材料添加法，即通过对材料进行逐层叠加完成模型，因此它也被称为增材制造技术。成形方式主要分为立体印刷成形、层合实体制造、选域激光烧结、熔融沉积造型等，成形原理及方法如下。

1. 立体印刷成形

立体印刷成形(stereo lithography apparatus，SLA)又称为立体光刻成形、光敏液相固化成形。其成形的基本原理是采用液态光敏树脂作为模型原料，以计算机控制下的紫外线激光按原形各分层截面的轮廓轨迹逐点扫描，使被扫描区的树脂薄层产生光聚合反应而固化成一个固体薄层截面，第一层固化的光敏树脂与工作台相互黏合。每当光斑完成一层扫描后，工作台自动向下移动一个分层厚度，光斑继续对液态树脂进行新一层扫描、固化。新固化的一层牢牢地黏合在前一层上，如此重复直至整个模型制造完毕。

2. 层合实体制造

层合实体制造(laminated obiect manufacturing，LOM)又称分层实体造型、分层物件制造等。其基本原理是将单面涂有热熔胶的薄膜材料或其他材料的箔带，按分层截面出现的内外轮廓进行切割，再通过加热辊加热，使刚刚切好的一层与下面的已切割层黏接在一起，通过逐层切割、黏合，最后将不需要的材料剥离，得到模型。

3. 选域激光烧结

选域激光烧结(selected laser sintering，SLS)，基本原理是按照计算机输出的原形分层轮廓，借助精确引导的激光束在分层面上有选择性地扫描并熔融工作台上的材料粉末铺层。当一层扫描完毕，工作台移动一个分层高度，继续新一层的扫描烧结。全部烧结后，去掉多余的粉末，再进行打磨、烘干等处理，便可获得模型零件。

4. 熔融沉积造型

熔融沉积造型(fused deposition modeling，FDM)又称熔化堆积法、熔融挤出成模。其基本原理为采用热熔喷头，使半流动状态的材料按CAD分层数据控制的路径挤压并沉积在指定的位置凝固成形，逐层沉积、凝固后形成整个模型。

10.3 数字化建模与快速成型技术结合制作模型

本节以宠物饮水机的设计与模型制作为例，简要介绍使用3D打印设备制作产品模型的过程。宠物饮水机模型，如图10.1所示。

图10.1

10.3.1 数字化建模技术设计产品造型

产品设计中可以充分利用AutoCAD、UG、Rhino、Pro-E、SolidWorks等软件构建虚拟的产品模型(数字化建模)，这已经成为产品开发过程中常用的设计表现方法。通过数字化产品模型的建立，既可以快速、直接地将设计构思进行可视化的虚拟表现，也可以通过虚拟产品模型进行设计评价、虚拟测试、虚拟实验等。另外，数字化模型可以直接通过快速成型设备制作成实体模型，实现虚拟与实体模型的快速转化，这样既节约了产品研发成本，也大大缩短了产品的研发周期。

运用数字化建模技术进行产品模型的设计过程如下。

01 使用AutoCAD、UG、Rhino、Pro-E、SolidWorks等建模软件，建立产品的虚拟模型，如图10.2～图10.7所示。

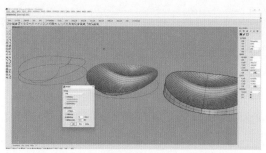

图10.2 图10.3

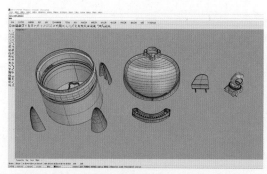

图10.4 图10.5

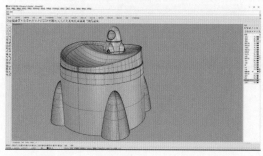

图10.6 图10.7

02 数字模型建立完成，需要进行文件格式转换，以备打印使用。一般情况下，将数字模型转换为STL格式，此格式通常为3D打印设备可以识别的通用格式，如图10.8所示。

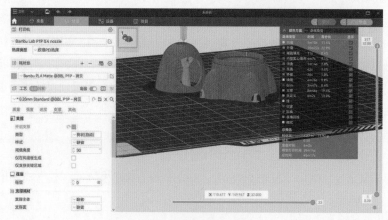

图10.8

10.3.2 快速成型技术制作实体模型

本节简要介绍使用熔融沉积造型技术，进行产品模型制作的方法。

01 开启快速成型设备，调整设备进行预热。

02 将转换为STL格式的数字模型文件加载于快速成型设备操作系统，系统专用打印软件将STL格式的数字模型文件自动进行分层处理，分层高度可控。

03 按照分层高度，设备自动调节打印平台和喷嘴之间的距离，然后启动挤出机。

04 开始打印，x轴和y轴电机开始运作，按照分层后的形状沿切片路径行驶，同时将融化物料挤出，每打完一层，z轴下降一个层级(按照设置会有不同高度)，重复此行为，直至堆叠成形，如图10.9和图10.10所示。

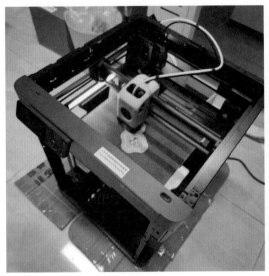
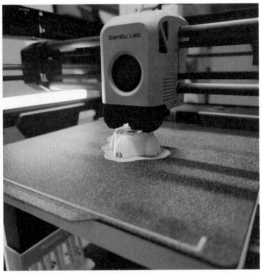

图10.9 图10.10

05 使用铲刀将模型与工作台面分开，去掉支撑体，如图10.11所示。

06 使用清洗剂清洗模型，晾干后将零件进行拼装、组合，以备使用，如图10.12所示。

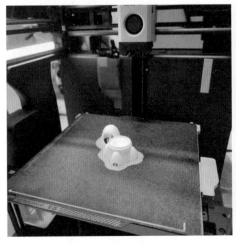

图10.11 图10.12

10.4　本章作业

思考题

快速成型技术在产品模型制作中有哪些作用?

实验题

1. 学会使用一款建模软件建立数字化产品模型。
2. 在有实验条件的情况下，进行3D打印设备的使用与操作。

第 11 章

产品模型表面涂饰

主要内容：常用涂料的涂饰方法。

教学目标：掌握涂料的特性及涂饰方法。

学习要点：合理使用涂料，以增强产品模型表面效果。

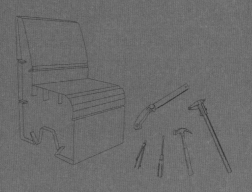

Product Design

为了提高产品模型表面的效果及质量，常常需要对模型表面进行涂饰处理。表面涂饰起到两方面的作用：一是通过表面涂饰可以使模型更加具有真实性；二是通过表面涂饰可以对模型起到有效的保护作用。模型表面涂饰是模型制作过程中的重要表现环节。

在对模型表面进行涂饰前，设计人员应充分考虑涂饰材料的种类、特性、涂饰工艺与方法对模型表面产生的影响，合理运用涂饰材料，熟练掌握涂饰方法，通过表面涂饰更加完整地表达预期设计效果。

用于产品模型表面涂饰的涂料种类很多，其中油漆涂料的涂覆效果非常好，因此经常被用于模型表面的涂饰。本章简要介绍使用油漆涂料，以手工方式进行表面涂饰的方法。

11.1　常用的油漆涂料及辅料

油漆的种类很多，其用途、施用对象，以及刷涂方法各有不同。以手工方式进行模型表面涂饰主要使用硝基漆、醇酸树脂漆、丙烯酸漆等，如图11.1所示。不同类型的油漆涂饰后产生不同的肌理、质感，具有不同的视觉效果。正式涂饰之前，应进行涂饰试验，以熟悉各种油漆的特性与涂饰效果。

油漆稀释剂主要用于稀释黏稠的油漆，施工完成以后也要使用稀释剂及时清洗漆刷或喷枪上的残留油漆，防止漆刷板结及喷枪口发生堵塞问题，如图11.2所示。

乙醇俗称酒精，是一种有机溶剂。紫胶是紫胶虫的分泌物，俗称漆片，是一种天然树脂，由于紫胶产量较小，目前大部分使用人工合成的漆片。乙醇可将漆片溶解，制成漆片溶液作为底涂涂料使用，如图11.3所示。漆片溶液刷涂在材料表面，可产生良好的防水、防潮、耐油、耐酸、绝缘等功能，起到隔离的作用。在质地比较粗糙的材料表面进行漆饰处理之前，需要先涂饰漆片溶液作为隔离层，再继续使用油漆在其表面进行涂刷。例如，在聚氨酯硬质发泡材料、石膏等比较粗糙的表面进行油漆涂饰之前，需涂刷漆片溶液，可有效防止油漆直接渗入材料中。

图11.1

图11.2

图11.3

填料主要用于填充模型表面出现的凹陷、裂痕等缺陷，也可修正粗糙的表面。填料种类较多，模型制作中经常使用原子灰作为填充材料进行模型表面的修补。

使用砂纸对涂饰层进行打磨，可以获得光滑的涂饰表面。

模型表面有时需要涂饰多种颜色，可使用低黏度遮挡纸将不喷涂的部位遮挡，如图11.4所示。

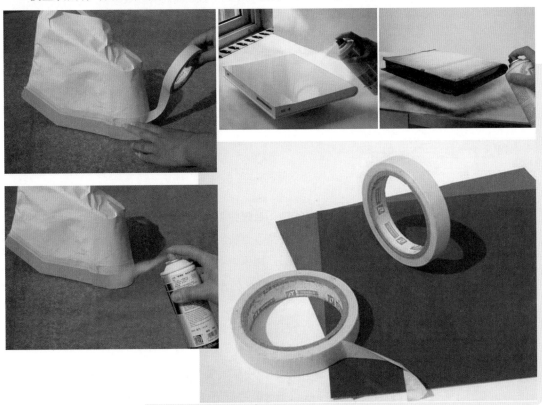

图11.4

11.2 油漆涂料涂饰注意事项

在涂饰油漆时，要注意如下事项。

(1) 不同种类(化工特性)的油漆不能混合调配。

(2) 使用前要充分将油漆搅拌均匀，并观察油漆涂料的黏稠程度，如需稀释要选用同类型的稀释剂进行稀释。

(3) 多组份油漆，必须按使用说明中规定的比例混合均匀后再使用。

(4) 油漆表面结皮或出现粗颗粒状现象时，应采取过滤措施，以免涂刷后漆膜不平整和堵塞喷枪。

(5) 油漆表面要经过若干次涂刷才能达到预期效果，每一次的刷涂或喷涂层要薄厚均匀。务必在上一次的涂层完全干燥以后才能进行下一次的涂饰，如果上一次的油漆未完全干燥就进行下一次涂饰，容易造成漆面的起皱现象。

(6) 未干燥的油漆中具有挥发物质，会对人体造成伤害，喷漆或刷漆时要注意防护，最好佩戴手套、口罩，穿防护服，以防挥发物的刺激。

(7) 涂饰环境要求无尘、通风。

11.3 油漆涂料涂饰方法

由于模型使用的材料不同，其表面的肌理、纹理也各不相同。根据模型表面效果要求，使用油漆涂料进行表面涂饰时分为两种涂饰类型，一种是覆盖纹理的涂饰，另一种是保留纹理的涂饰，两种涂饰方法有所区别。

11.3.1 覆盖纹理的涂饰

1. 石膏模型表面涂饰

石膏模型表面主要使用油漆涂料进行装饰，通过涂饰达到外观色彩表现要求。使用油漆涂料涂饰模型表面，主要采用手工刷涂及气体喷涂等方法。

下面以电动助力车电池盒模型为例，介绍使用不透明涂饰的方法对石膏模型表面进行涂饰(此方法也可用于聚氨酯硬质发泡材料的表面涂饰)的方法与步骤。

1) 除尘

涂饰前使用潮湿的毛巾去除石膏表面的石膏粉末，晾干后方可进行涂饰，如图11.5所示。

2) 涂刷紫胶溶液

01 将石膏模型衬垫至一定高度，使用羊毛板刷蘸取少量紫胶溶液沿一定方向均匀刷涂，如图11.6所示。等待第一次涂刷的溶液干燥以后才能进行第二次涂刷，第二次涂刷的方向要与上一次呈90°，以增强覆盖力。

图11.5

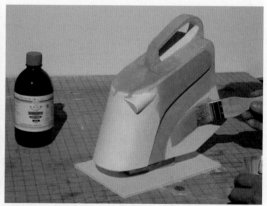

图11.6

02 涂层干燥以后，观察材料表面，如果有颗粒或流挂现象，使用高目数的水砂纸蘸水轻轻将其打磨平整，如图11.7所示。

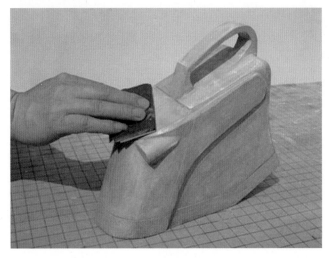

图11.7

03 使用潮湿的毛巾擦净粉尘，准备下一次刷涂。经过多次涂刷，可在石膏模型表面形成一定厚度的隔离层，目的是防止油漆涂料直接与石膏表面接触。如果直接使用油漆涂料涂刷于石膏表面，即便经过多次刷涂也不容易获得光滑的表面效果。

04 最后一次的涂刷要薄、要顺滑，等待紫胶溶液完全干燥以后，换用油漆涂料进行表面涂饰。

3) 涂饰油漆涂料

(1) 刷涂。

01 使用板刷蘸取少量油漆涂料，先沿一个方向快速、有序地点按板刷，使涂料均匀分布于涂刷部位，目的是将油漆涂料均匀分布，避免造成局部涂料量过多的情况，如图11.8所示。

02 继续沿着点按的方向来回匀速拖动板刷，将涂料刷平，如图11.9所示。

图11.8   图11.9

03 改变板刷的涂刷方向，用板刷轻轻平扫一遍涂刷层，将刷涂痕迹带平，如图11.10所示。

04 继续按顺序逐渐将涂料薄而均匀地涂满整个模型表面，如图11.11所示。

图11.10   图11.11

05 根据涂层表面质量确定是否进行下一次涂饰，如需继续进行涂刷，则要等待上一次涂刷的涂料完全干燥，然后用水砂纸蘸水均匀打磨涂料层并除去粉尘，再进行下一次涂刷，注意每一遍涂刷都要薄而均匀。

(2) 喷涂。

01 预估油漆使用量，将调和好的油漆注入喷枪的储料罐中，拧紧储料罐的盖子，防止喷枪倾斜时油漆外流。

02 使用气泵带动喷枪进行喷涂前，需要调试喷枪的压力旋钮以控制喷出油漆的流量大小，先在另外一块相同的材料上进行试喷，观察喷涂效果，达到要求后方可在模型表面进行喷涂；如使用自喷漆进行喷涂，在喷涂之前要用力摇动自喷漆瓶，以增加瓶内的气体压力，以获取较好的喷涂效果。

03 喷枪与模型表面之间要保持一定距离，距离远近要根据喷出的流量大小决定。

04 喷涂过程中要匀速移动喷枪，并按次序喷涂整个模型表面。如果出现喷涂不均匀的地方可以通过下一次喷涂过程逐渐覆盖，切忌只在一个地方来回喷涂，这易造成流挂现象。

05 等待上一次涂层干燥以后方可进行下一次喷涂，如果发现涂层出现颗粒、流挂等现象，需使用水砂纸蘸水打磨平整，并除尘。经过多次喷涂可获取理想的表面涂饰效果，如图11.12所示。

06 如果在模型表面需要涂饰两种以上的颜色，需使用低黏度遮挡纸在颜色变换的部位仔细粘贴出轮廓形状，其他地方用废旧纸张、塑料薄膜等包裹严密，确认无遗漏方可进行涂饰，如图11.13所示。等待一段时间，在涂料层将要干燥时慢慢揭下遮挡纸。

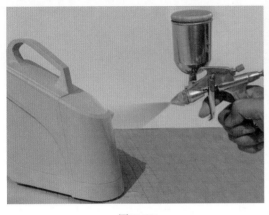

图11.12

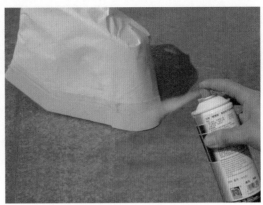

图11.13

4) 装饰

如果模型上有文字、图案等装饰，需先在有背胶的打印纸上打印出文字或图案，将裁切下来的文字或图案按位置粘贴于模型表面，如图11.14所示。条件允许的情况下，可采用丝网印刷，能够印出更加理想的文字或图形。

无论使用刷涂或喷涂的方法，为提高模型表面的光亮度，需要最后使用清漆(清油)在整个模型表面进行涂饰。

2. 塑料模型表面涂饰

使用热塑性塑料材料制作模型，可以直

图11.14

接选用有颜色或有肌理的半成品材料作为模型表面装饰。由于在制作过程中不免产生制作误差，加之零件相互黏合的部位可能会产生缝隙，都会影响表面质量，因此需要对塑料模型表面进行涂饰处理。

下面以便当盒模型为例，介绍使用油漆对塑料模型表面进行不透明涂饰的方法。

1) 攒原子灰

塑料模型在加工过程中可能会出现局部不平整的问题，或者零件黏结后出现缝隙，可以使用原子灰填补。

01 根据一次使用量的多少按比例将原子灰与固化剂进行调和，已经调和的原子灰凝固后无法再继续使用，要适量调和避免浪费。打开桶装原子灰后，使用搅拌棒将原子灰充分搅拌均匀，适量取出原子灰，放置在托板上，如图11.15所示。

02 按比例要求挤出一些固化剂，按照使用说明调整固化剂与原子灰的重量比，如图11.16所示。

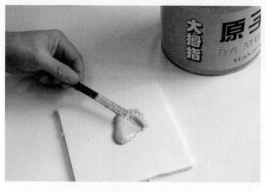

图11.15

图11.16

03 使用刮片将固化剂与原子灰充分调和，如图11.17所示。没有融入固化剂的原子灰是无法凝固的。

图11.17

04 攒灰之前，用粗砂纸打毛攒灰部位以增加原子灰的附着力。用有弹性的金属、塑料、橡胶等刮片将调和好的原子灰填充于凹陷、勾缝部位，如图11.18和图11.19所示。

图11.18

图11.19

2) 打磨

待原子灰完全凝固后，使用水砂纸蘸水通体精细打磨。可将水砂纸裹在一块小平板上蘸水打磨，省力且打磨得比较平整，如图11.20所示。打磨时随时清洗灰尘，仔细观察攒灰部位，发现有缺陷的地方继续调和适量原子灰进行攒补、打磨，直至打磨平整。

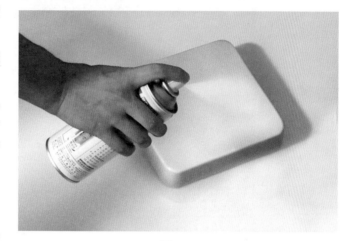

图11.20

3) 涂饰油漆涂料

01 去渍。塑料模型表面容易受汗渍、油渍等的污染，如果直接使用涂料进行涂饰，有油渍的地方不易被覆盖。所以，在塑料模型表面进行涂饰之前需进行去渍处理，可使用酒精或洗涤液清洗塑料模型表面，再用清水将洗涤用品清洗干净。

02 喷涂。塑料模型表面去渍以后，晾干水分方可进行涂饰。塑料模型表面采用喷涂的方法进行涂饰效果会比较好。

一般情况下，先使用白颜色油漆进行涂饰，以白色涂料作为底涂，再换用有颜色的涂料进行涂饰，可获得理想的颜色效果，如图11.21所示。

4) 装饰与组装

所有零部件按要求进行涂饰以后，需等待完全干燥。如果零件上需要进行图形图案等装饰，先在零件上做装饰处理，再将零部件进行组装，如图11.22所示。组装过程中要戴上干净的手套，防止对油漆表面形成二次污染。

图11.21

图11.22

11.3.2　保留纹理的涂饰

以手工方式进行木模型表面处理时，一般情况下使用油漆涂料，采用刷涂或喷涂的方式进行表面涂饰。

下面以婴儿摇床模型为例，介绍保留纹理的涂饰方法。

1. 打磨

使用木锉、木工短刨等工具对模型进行整形处理，整形后用电动打磨机或粗细不同的砂纸将木模型通体打磨，如图11.23所示。

图11.23

2. 去毛

将打磨下来的木屑及木材表面的纤维去除，使用蘸过热水的毛巾用力擦拭木模型表面，进行去毛处理，如图11.24所示。经过去毛处理后，务必等待模型表面的水分完全挥发，彻底干燥后方可进行表面涂饰。

图11.24

3. 喷涂

使用透明油漆对模型表面进行喷涂，如图11.25所示。每一次涂覆以后，如果发现涂层出现颗粒、流挂等现象，需等待油漆涂层彻底干燥以后，使用水砂纸蘸水打磨平整并除尘。经过多次喷涂，可以获取理想的表面涂饰效果。

图11.25

4. 组装

所有零部件喷涂完成，等待油漆完全干燥以后进行安装、调试，完成整个涂饰过程。

11.4 本章作业

思考题

叙述涂饰的方法与操作步骤。

实验题

1. 使用羊毛板刷进行刷涂训练。

2. 使用喷枪进行喷涂训练。

3. 按比例调和原子灰，观察凝固时间，使用水砂纸蘸水打磨原子灰。

后 记

　　本书在《产品设计模型制作与工艺》(第三版)的基础上进行修订,改变了原有的结构,增加了部分实例,内容力求叙述详尽,希望有利于读者理解并运用。若本书内容能够给读者以启示或参考,将是笔者最大的欣慰。诚心欢迎读者朋友提出宝贵意见。

　　本书编写得到多方支持与协助,感谢清华大学出版社对本书出版工作的大力支持;衷心感谢高思老师,正是他的努力使此书得以顺利出版;书中部分模型的制作过程由张喜奎、潘弢老师以及潘润鸿、罗显冠等同学操作演示完成,在此深表谢意。

兰玉琪

2024.1.1